R을 활용한 기초 통계 분석

R을 활용한 기초 통계 분석

초판1쇄 인쇄 2017년 3월 27일
초판2쇄 발행 2018년 11월 1일

지은이 김현식
펴낸이 조인원
펴낸곳 경희대학교 출판문화원
주소 서울시 동대문구 경희대로 26
전화 02-961-0106~8, 팩스 02-962-8840
설립 1960년 9월 16일 제5-8호
등록 1977년 11월 8일 제6-5호
홈페이지 www.khupress.com
전자우편 press@khu.ac.kr

ISBN 978-89-8222-564-2 (13310)

R을 활용한 기초 통계 분석

경희대학교 출판문화원

| 머리말 |

필자가 사회통계를 본격적으로 공부하기 시작한 지 벌써 11년이 지났다. 한국에서 대학원 석사학위를 마치고 이런저런 일을 하다 말 그대로 운 좋게 미국 어느 대학원에서 입학허가서를 받았다. 하지만 개인적인 이유로 결정을 내리지 못하다가 또 한 번의 운에 기대 유학의 길에 올랐던 때가 2005년 여름의 끝 무렵이었으니, 11년하고도 반년의 세월이 지났다. 어쩌면 과장된 말일 수도 있고 그래서 글자로 적기 민망한 말이지만, 그런데도 용기를 내어 그 11년 반의 세월을 이 책에 기록하고자 노력하였다는 말을 적고 싶다.

모든 유학생에게 그렇듯이 필자에게도 유학생활은 쉽지 않았다. 경제적인 어려움이 무엇보다 컸고, 가족 문제에 건강 문제까지 겹치면서 심리적으로도 크게 위축되어 있었다. 거의 매년 학기가 시작될 때마다 학비 마련을 위해 안면이 조금이라도 있는 교수들에게 무작정 e-메일을 보내고 또 직접 찾아다니기도 하면서 조교 자리를 애원했던 일은 연례행사였다. 생활비가 모자라다 보니 국 하나와 김치, 밥만 넣은 점심과 저녁 도시락을 싸서 다니면서 수업을 듣고 도서관에서 살다시피 했다. 눈이 쌓이고 강풍이 몰아치던 겨울날, 두 주 동안 먹고 살 식료품을 두 손에 들고 매디슨(Madison) 병원 앞 정거장에서 추위에 떨며 이글 하이츠 기숙사로 들어가는 버스를 30분 동안 기다리곤 했었던 일도 이젠 추억이 되었지만, 당시엔 무척이나 서럽고 힘겨운 일이었다.

필자는 그렇게 통계를 배웠다. 서른을 넘긴 나이에 스무 살이 안 된 학부생들과 기초 수학을 다시 배우고 미적분 문제를 풀고, 다양한 분포의 수학적 형태를 암기하고 연습하면서 그 세월을 견뎌냈다. 스트레스를 풀기 위해 일주일에 두 번씩 다녔던 Nat이라는 이름을 가진 체육관에서 러닝머신을 뛰면서, 어떻게 하면 좀 더 빠른 시일 안에 문제를 풀 수 있을까를 고민하면서 그 시간을 보냈다. R, Stata, SAS 등 다양한 통계 프로그램을 활용해 simulation을 하면, 그 결과가 나오는 것이 너무 신기하기도 하고 재미있어 내가 처한 어려움을 잊을 수 있었다. 그렇게 6년이란 시간이 흘러 대학원을 졸업하던 때, 여전히 미래는 불투명했지만 사회학 최고의 학술지에 글을 싣고, 나만의 세상을 살아갈 수 있다는 자신감을 갖게 되었다.

이 책이 방황하고 고민하는 모든 청춘에게 하나의 재미로 다가설 수 있다면 좋겠다. 보통 이런 내용의 서문은 인문학 책에서나 쓰는 것이지만, 필자가 통계를 배우며 어려웠던 환경을 잊어버린 것처럼, 오늘을 살아가는 불안한 청년들이 이 책을 읽으면서 조금이라도 불안감을 잊었으면 하고 바란다. 적어도 이 책에 적어 놓은 내용을 직접 해 볼 때는 생존의 불안감을 조금은 잊게 될 것을 기대해 본다. 그런 시간이 쌓여 자신감이 붙고 나도 할 수 있다는 생각을 가지게 되기를 희망한다. 필자가 그랬던 것처럼, 처음엔 먹고 살기 위해 억지로 하는 것들도 내 것이 되면 재미를 느끼게 되는구나! 라는 경험을 할 수 있기를 바란다.

그 제목에서 알 수 있는 것처럼 이 책은 통계적 기법으로 사회조사 자료를 분석하여 사회과학적 가설을 경험적으로 검정해보고자 하는 사회과학도를 위한 통계 프로그램 R 입문서이다. 사회과학 자료 및 통계의 기본 개념을 이해하고 있다는 전제 아래 R 프로그램의 기초 개념을 소개하고, 한 변수의 분포와 둘 이상의 변수들 사이의 관계를 살펴보는 다양한 통계 기법을 나타내 보인다. 특히 통계청 웹사이트로부터 받은 자료와 한국노동패널 같은 사회조사 자료를 예로 들어 자료를 분석하는 과정을 상세히 설명함으로써 독자들이 쉽게 익힐 수 있게 노력하였다. 무엇보다 R을 활용한 세련된 그래픽을 만드는 과정을 상술함으로써, 자료의 시각화에 익숙해지고 발표에서 청중의 이목을 집중시킬 수 있는 그림을 만드는 능력을 키울 수 있도록 구성하였다.

이에 더해 변수들 사이의 관계를 살펴보기 위한 인과적 관점(causality)을 소개하고 모의실험(simulation)을 통해 그 논리를 습득하도록 기술하였다는 점에서, 여타의 통계 입문서나 R 활용 입문서와는 차이를 보인다. 특히 왜 둘 이상의 설명 변수들을 하나의 회귀 분석 통계 모형에 포함하는가를 고민했던 이들에게 이 부분은 많은 시사점을 줄 수 있을 것이다. 이 부분이 아무런 생각 없이 여타의 변수들을 포함하는 것에 익숙한 연구자들에게 한 번쯤 깊은 고민을 던져줄 수 있기를 바란다. 아마도 이 부분 때문에 앞서 필자가 '11년 반의 세월을 기록'하고자 하였다는 말을 글머리에 적는 만용을 부려볼 수 있었다.

마지막으로 이 책을 활용하여 누구나 쉽게 학습할 수 있도록 동영상 강의를 제작하여 Youtube에 올려놓았으며, 이 동영상에 대한 링크는 Google에서 [R 기초 강의]라고 검색하면 쉽게 찾을 수 있다는 말을 덧붙인다. 또한 모든 강의 동영상의 링크와 사회통계 및 한국의 사회분석과 관련된 필자의 학문 작업은 특정 웹사이트(http://kpc.khu.ac.kr/)에서도 발견할 수 있다.

이 자리를 빌려 이 책이 나오기까지 유·무형의 도움을 준 많은 분들에게 감사의 말을 전하고자 한다. 부족한 필자를 교원으로 임용해주고 연구와 교육에 매진할 수 있도록 배려해 주시는 경희대학교 사회학과 선배 교수님들, 이창순·황승연·박희제·송재룡·김종영·김중백·김은성 교수님께 깊은 감사의 말씀을 드린다. 경희대학교 2016년 봄 학기 사회조사분석 수업 수강생들이 없었다면 이 책은 여전히 오류로 가득 찬 초고로 남아 있었을 것이다. 상품이 될 것 같지 않은 뭉텅한 초고를 필자의 요구를 들어주며 출간해 주시기로 한 경희대학교 출판문화원 분들, 특히 책으로 예쁘게 편집해주는 작업을 책임지고 도와주신 김인현 편집장님께 고맙다는 인사를 전한다. 필자가 미국 유학을 갈 수 있게 도와주었던 충남대학교 사회학과의 김주현 교수님과 어머님께 특별한 감사의 말씀을 드린다. 이 두 분이 없었다면 유학을 가지 못했을 것이다. 그렇다면 이 책은 세상에 나오지 못했을 것이다.

무엇보다 오늘의 필자가 하루를 살면서 가장 큰 빚을 진 사람은 부모님이다. 당신들은 근면과 성실로 세상을 살았지만, 세속적인 성공을 얻지 못하셨다. 그런데도 언제나 근면과 성실을 몸으로 보여주셨다. 필자는 어릴 적부터 그런 단어들을 몸으로 체득해 왔고, 이제는 그것들이 가장 큰 자산이 되었다. 네 명의 형(兄)들과 그 가족이 살아가는 세상은 필자가 살아가는 세상과 너무도 다르지만, 정직하고 열심히 살아가는 그런 이들이 있기에 여전히 세상은 살만하다고 생각한다. 이 책을 쓰면서 가장 큰 도움을 주었던 이는 아내다. 신혼인데도 매일 밤 열 시가 넘어 귀가하는 것을 허락해 주었을 뿐 아니라 이런저런 글들을 읽고 생각과 비판을, 때로는 심하다 싶을 정도로 가감 없이 공유해 주었다(앞으로도 그럴 것 같다). 마지막으로 지금까지 살아오면서 느끼지 못했던 행복을 느끼게 해 주고 있는, 생후 다섯 달 된 아들에게 고맙다는 말을 전하고 싶다.

2017년 3월

김현식

CONTENTS

네 번째 주

반복실행과 객체 결합 및 변환

다섯 번째 주

객체 유형 변환 및 저장

여섯 번째 주

범주형 변수의 통계

일곱 번째 주

양적 변수의 통계와 두 변수 간 연관

여덟 번째 주

막대 그림과 히스토그램

아홉 번째 주

평균과 신뢰구간 그림

열 번째 주

상자 그림과 산포도

열한 번째 주

인과론

열두 번째 주

노동패널 분석 1

열세 번째 주

노동패널 분석 2

열네 번째 주

노동패널 분석 3

첫 번째 주 week 1

R 설치, 기초 연산, 객체의 개념

- R을 다운로드하고 설치하는 과정을 배우고, R을 내려 받은 후 설치하고, 기본 환경을 바꾸는 방법을 살펴본다.
  기초적인 연산을 시현한 후 자료 분석의 핵심 개념인 객체(object)에 대해 논의한다.

1. R 설치(install)

R을 배우려면 프로그램을 설치해야겠지요? 먼저 R을 깔아보도록 합시다. 인터넷 브라우저를 열고 주소창에 R이라고 친 다음 Enter 키를 누르세요. 저 같은 경우 크롬(Google Chrome)을 기본 브라우저로 사용하기 때문에 이에 기반을 두어서 설명을 이어나가겠습니다. 크롬을 열고 주소창에 R이라고 쓴 다음 Enter 키를 누르면 가장 먼저 [R: The R Project for Statistical Computing]이라는 제목 아래 [https://www.r-project.org/]라는 주소가 뜹니다. 이 웹사이트로 이동하기 전에 검색 페이지를 보면 다 통계패키지 [R]과 관련된 내용이라는 것을 볼 수 있습니다. 물론 이는 구글 검색이 얼마나 훌륭한 것인가를 보여주는 것이기도 하지만, 그만큼 R이 대중화되어 가고 있다는 것을 보여주는 것이기도 하죠. 시간이 지나 검색 페이지가 달라질 수 있다는 점도 덧붙여야겠네요.

검색 페이지 중 두 번째로 나온 웹사이트는 [Download R-3.2.3 for Windows…]로 되어 있습니다. R[1]을 설치하기 위해서는 이 두 번째 검색 웹사이트로 이동하면 되지만 R에 대해 조

1) 책 출간을 위해 교정을 보는 2017년 3월 기준 R의 버전은 3.3.2입니다. 하지만 여기서 설명하는 3.2.3 버전과 최신 버전이 크게 달라지지 않아서, 책의 버전의 서술을 고치지 않았습니다.

금 더 살펴본다는 의미에서 첫 번째로 이동해 보도록 하겠습니다. 첫 번째 웹사이트로 이동하면 주소가 [https://www.r-project.org/]인데 이 웹사이트가 R의 홈페이지입니다. 여러 정보를 찾기 위해 앞으로 여러분이 상당히 자주 들락날락할 곳입니다. 책의 교정을 보고 있을 2017년 3월 9일 기준으로 이 웹페이지는 다음의 [그림 1-1]과 같은 모습을 하고 있습니다.

본문을 읽고 R을 다운로드할 수 있는 부분을 클릭하면 되는데요, 그 전에 웹사이트의 왼쪽에 있는 여러 가지 링크를 찾아 들어가 보는 것도 R에 대한 이해를 높여 줄 겁니다. 예를 들어 [About R]이라고 되어 있는 곳을 찾아 들어가면 R에 대한 간략한 소개를 볼 수 있습니다. 또 [Documentation] 밑에 [Manuals]라는 부분으로 들어가면 R을 사용하는 방법을 적어 놓은 여러 책자를 발견할 수 있습니다. 그 책자 중 『An Introduction to R』이라고 하는 책자가 제가 처음 R을 배울 때 읽고 실습했던 책이고요, 이 글을 작성하는데 가장 많이 도움이 되었고 또 앞으로 이 수업에서 가장 많이 사용될 책이기도 합니다. 이런 책은 한 부쯤 종이 책자로 만들어서 가지고 있을 만하죠. R 명령어가 기억이 안 날 때 계속해서 찾아보게 되는 책이니까요. 이제 홈페이지로 이동해서 R을 다운로드해 보죠. [Getting Started]에서 [Download R]이라

그림 1-1 2017년 3월 9일 기준 R 홈페이지

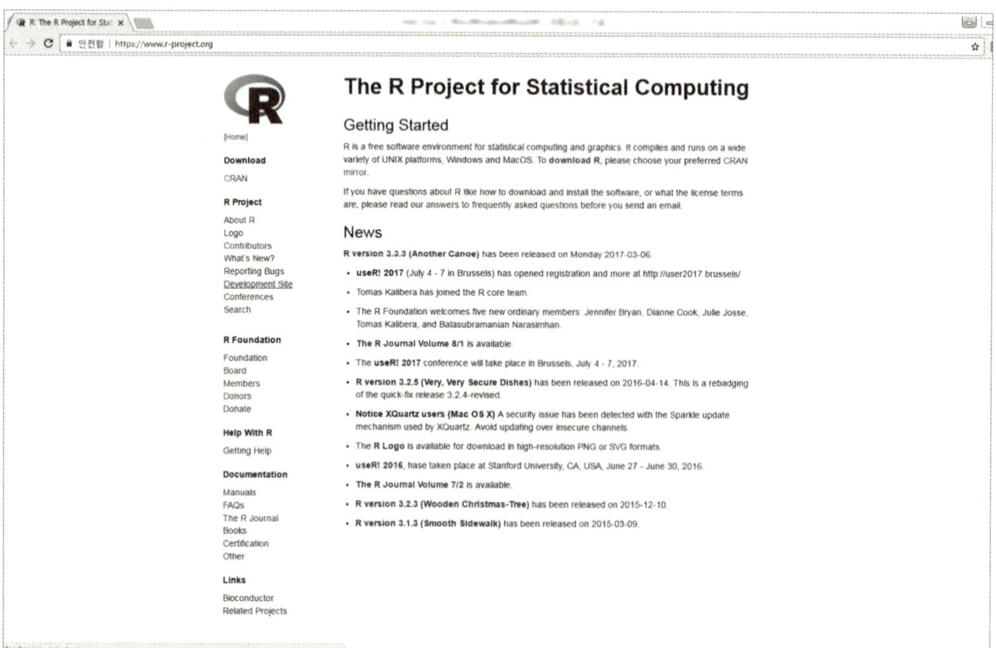

는 부분을 클릭하면 [CRAN Mirrors] 웹사이트로 이동하게 되는데요, CRAN은 그곳에 적혀 있는 것처럼 Comprehensive R Archive Network의 줄임말입니다. 전 세계의 사람들이 R을 쓰기 때문에 한 서버에만 저장해 놓고 다운을 받으면 인터넷 트래픽이 급속도로 증가해서 서버가 다운될 것입니다. 그래서 다양한 웹사이트에 저장해 놓은 것이고 저장해 놓은 장소들을 적어 놓은 것이 이 웹페이지라고 생각하시면 됩니다. 이 웹페이지에서 쭉 내려가다 보면 [Korea]도 있는데요, 세 웹사이트 중 아무 곳이나 클릭하면 됩니다. 저는 서울대학교 보건대학원에서 운영하는 웹사이트로 들어가 봅니다.

새로 이동한 웹페이지는 [http://healthstat.snu.ac.kr/CRAN/]라는 주소를 가지고 있군요. 이제 [Download R for Windows]라는 링크를 클릭해 보도록 하겠습니다. 그러면 또 다른 웹페이지로 이동하면서 메인으로 세 개의 링크가 걸려 있는 것을 볼 수 있습니다. 그 중 [base]라고 하는 것을 클릭합니다. 새로 뜨는 웹페이지 중 [Download R 3.2.3 for Windows]를 클릭합니다. 그러면 크롬이 [R-3.2.3-win.exe] 파일을 다운로드하게 됩니다. 이 파일을 클릭!

먼저 [설치 언어 선택] 옵션이 뜨는데요, 초기설정(default)이 한국어네요. R이 한국어로 만들어져서가 아니라(!) 제가 한국어에 기반을 둔 Windows를 쓰고 있으므로 한국어가 초기설정으로 뜨는 겁니다. 초기설정을 그대로 놔두고 [확인]을 클릭하면 "설치에 오신 것을 환영합니다"라는 메시지가 뜨는데 아래에 있는 [다음]을 누릅니다. 그러면 저작권에 동의하는지를 묻는 대화창이 뜨는데 온통 영어로 되어 있습니다. 영어를 읽기 귀찮으니 밑에서 [다음]을 클릭합니다. 시간이 되시고 저작권에 관심이 있는 분들은 이 부분을 꼼꼼히 읽어도 좋겠습니다.

이제 어디에 저장할 것인지를 묻는 대화창이 뜨는데요, 저는 초기설정으로 되어 있는 [C:\Program Files\R\R-3.2.3]로 놔둔 상태에서 [다음]을 클릭합니다. 그러면 몇 가지 구성요소가 뜨면서 설치하고 싶은 것을 고르라고 하는데, 역시 초기설정으로 그냥 둡니다. 최근의 컴퓨터는 거의 모두 64bit에 기반을 두고 있어서 구성요소 중 [32-bit Files]에 더해 [64-bit Files]가 있는 것을 볼 수 있습니다. 물론 여러분이 컴퓨터가 오래된 것이라면 이 구성요소들 없이 32bit에 기반을 둔 파일을 설치할 수도 있습니다. 다음으로 가면 스타트업 옵션을 조정하길 원하느냐는 질문이 뜨는데, 뭐가 뭔지 알 수 없으니 초기설정인 [No]로 놔둡니다. 다음으로 [시작 메뉴 폴더 선택]이 있는데 여기 또한 초기설정으로 놔두고 다음으로 이동합니다. 그러면 추가 사항 적용이라는 대화창이 뜨고 초기설정을 유지한 채 [다음]을 누르면…, Yes. 드디어 파일을 설치하기 시작합니다. 저 같은 컴맹에게는 옵션들이 많다고 항상 좋은 것은 아니군요. 대략 1~2분이 지나면 설치 완료 창이 뜨면 [완료] 키를 누르고 설치를 끝냅니다.
아까 여러 옵션 중 [추가 사항 적용]이라는 부분에서 [바탕화면에 바로 가기 생성] 옵션을 체크한 채 두었다면, 바탕화면으로 이동해 봅니다. 그러면 두 개의 아이콘이 생성되어 있을 텐데요, 하나는 [R i386 3.2.3]이고 다른 하나는 [R x64 3.2.3]입니다. 여러분 컴퓨터가 32bit에 기반을 두고 있으면 뒤 프로그램은 설치가 안 되어 있을 것으로 판단됩니다. 여하튼 제 컴퓨터는 64bit 기반이라 후자의 바로 가기를 클릭하여 R을 시작합니다. 드디어 여러분도 R에 입문하게 되었습니다. 음 하하하!!!

2. 영어로 변경하기

자, 그럼 이제 R을 시작해 볼까요? 바탕화면으로 가서 [R x64 3.2.3] 바로 가기를 더블클릭합니다. 그러면 아래 그림과 같은 창이 보일 겁니다. 맨 위에는 메뉴 바가 있고 다음 줄에는 몇몇 아이콘들이 정렬해 있습니다. 그리고 사각형 창이 있고 이 창의 위에는 R에 대한 설명이 있고 밑에 빨간색으로 커서가 깜빡이고 있네요. 이 네모 창은 거기에 적혀 있는 것처럼 콘솔(Console)이라고 불리는 것이고, 앞으로 배울 명령어를 실행하고 결과가 제시되는 창입니다.

저 같은 경우 미국에서 유학하면서 R을 배웠기 때문에 R과 관련된 용어는 한국어보다 영어가 더 익숙한 편입니다. 그래서 메뉴 바가 한국어로 떠 있거나 콘솔 소개에 한국어로 되어 있는 것이 매우 어색합니다. 어떤 작업을 하기 전에 이런 부분들을 영어로 바꾸고자 하는데, 그 방법은 다음과 같습니다.
우선 윈도우 탐색기를 띄우고 [C:\Program Files\R\R-3.2.3\etc] 폴더로 이동합니다. 이는 [C:]에서 [Program Files]를 누르고 하위 폴더로 이동한 다음, 계속해서 [R]을 누르고 [R-3.2.3]을 누르고 마지막으로 [etc]까지 눌러 가장 하위 폴더로 이동하면 됩니다. 그러면 그 폴더에 [Rconsole]이라는 파일을 볼 수 있습니다. 여기에 기본 옵션들이 들어 있는데요. 이 문서를 열어 기본 옵션을 바꾸어 주어야 합니다. 이 문서를 수정하기 위해서 이 파일을 텍스트 에디터에서 엽니다. 마우스를 움직여 이 문서 위에 커서를 놓고 마우스 오른쪽을 클릭하면 [연결 프로그램]이라는 것이 뜰 텐데요, 이 부분을 클릭합니다. 윈도우는 텍스트 에디터로 [메모장]

그림 1-2 R 기초화면

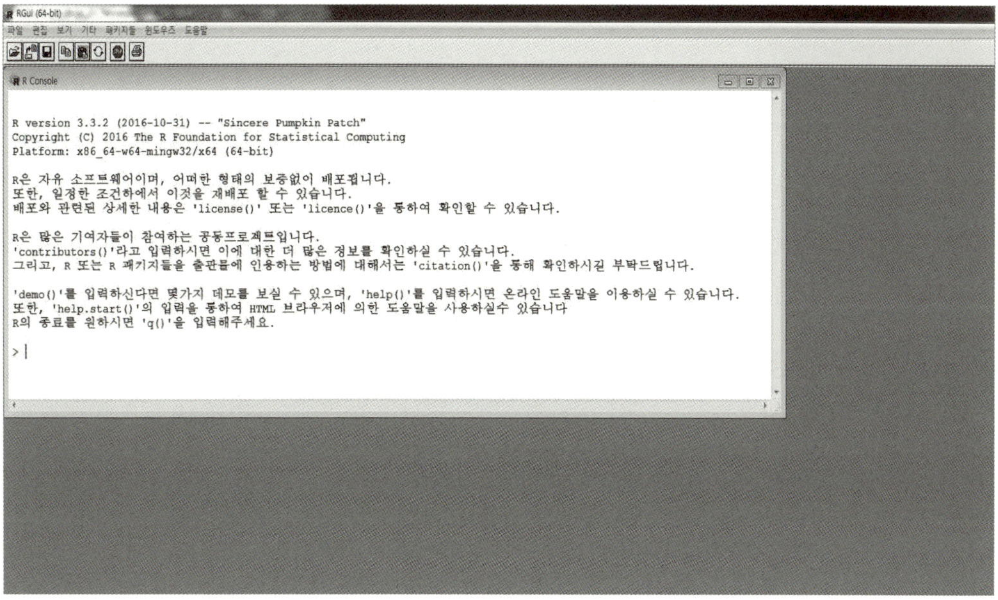

과 [워드패드]를 제공하는데요, 저의 경우 [메모장]에서 열면 깨져서 잘 안 보이고 [워드패드]에서는 잘 보이네요. 저 같은 경우 [Notepad++]를 더 좋아하는 편이라 이 프로그램을 설치하고 이것을 사용하여 앞의 파일을 열었습니다. 물론 [Notepad++] 역시 공짜이니 인터넷을 통해 여러분도 쉽게 설치할 수 있습니다. 만약 여러분의 컴퓨터에 [Notepad++]가 설치되어 있다면 앞의 과정 중 [Rconsole] 파일을 마우스 오른쪽 클릭하였을 때 [Edit with Notepad++]라는 옵션이 뜰 겁니다.

[Rconsole] 파일을 열면 외계어가 잔뜩 적혀 있고 많은 행이 [#]으로 시작하는 것을 볼 수 있습니다. [#] 기호는 그 해당 행의 글들은 코멘트(comment)로 처리하고 명령어로 읽지 말라고 하는 기호입니다. 즉 이 파일을 실행하면 위에서부터 모든 명령어를 실행하게 되는데 [#]으로 시작되는 줄은 실행하지 않는다는 의미입니다. R에서도 이를 사용하게 되는데 이는 차후 살펴보기로 하겠습니다. 그래서 이 파일에서 실질적으로 사용되는 명령어는 얼마 되지 않는 것이지요. 이 파일의 밑으로 쭉 내려가 저의 경우 69번째 행에 보면 다음과 같이 되어 있습니다.

표 1-1 Rconsole 언어 옵션

```
## Language for messages
language =
```

이제 이 부분을 다음과 같이 바꾸어 줍니다.

표 1-2 Rconsole 언어 옵션 변경

```
## Language for messages
## language =
language = en
```

[language =]는 운영체계가 사용하는 언어를 사용하라는 것이고 [language = en]은 영어로 사용하라는 것입니다. 그래서 전자의 옵션은 코멘트로 처리해서 아무런 효력을 발휘하지 못하게 했고 후자의 옵션에는 코멘트 기호를 처리하지 않고 활성화한 겁니다. 이제 변경된 옵션을 저장하고 파일 편집을 끝냅니다. 그리고 R이 켜져 있다면 다시 시작합니다. 그러면 R 초기 화면이 모두 영어로 바뀌어 있는 것을 볼 수 있습니다.

여러분들은 한국어가 편하다고 한국어로 된 메뉴 바나 콘솔을 쓰려고 할 수 있습니다. 이런 자세는 절대적으로 추천하지 않습니다. 아직은 한국에서 R을 사용하는 사람들이 그렇게 많지 않기 때문에 (앞으로도 그렇게 많을 것 같지 않지만) 무언가 문제가 있을 때 영어를 사용하여 인터넷을 검색하여야 합니다. 백번 양보하여 한국의 사용자가 많아진다고 하더라도 영어를 사용하는 사람들의 수만큼 많아질 것 같지 않고, 그 차이가 매우 크다면 한 번 검색할 때 영어로 하는 것과 한글로 할 때 얻을 수 있는 정보의 차이가 엄청나게 많을 것입니다. 그래서 영어로 검색하는 것이 매우 중요합니다. 그런데 만약 메뉴 바 옵션 중 어떤 용어가 무엇을 뜻하는지 알고자 할 때 영어로 검색해야 하는데, R이 한글로 되어 있다면 여러분 자신이 그 한국어를 영어로 번역한 다음 검색을 해야 합니다. 이렇게 하면 여러분의 영어가 틀릴 경우가 많고 제대로 된 검색이 이루어지기 어렵고 많은 시간을 낭비하게 됩니다. 하지만 영어로 된 메뉴 바를 보고 검색하면 절대 틀릴 일도 없고 매우 효율적으로 검색할 수 있습니다.

그리고 R 하나만 제대로 잘 다룰 줄 알면 사용하는 명령어와 용어들이 대동소이하므로 다른 통계 프로그램은 쉽게 배울 수 있습니다. 예를 들어 어떤 자료를 일정한 순서로 정렬하기 위해 SAS는 [proc sort]라는 명령어를, Stata는 [sort]라는 명령어를, R 또한 [sort()]라는 명령어를 사용합니다. 즉 sort라는 영어를 알면 세 개의 프로그램을 쉽게 사용할 줄 안다는 것이죠. 이런 점에서도 처음 통계 프로그램을 배울 때 영어를 사용하여 배우고 이에 익숙해지는 것이 중요합니다. 영어를 조금 더 배운다 치고 꼭 한국어를 영어로 바꾼 다음 R을 활용하시기 바랍니다.

3. 기초 연산하기(arithmetic operators)

이제 R 콘솔로 돌아가서 이 창을 활성화해 보죠. 맨 밑에 붉은색으로 되어 있는 [〉] 부분에서 커서가 깜빡이면 이 창이 활성화되어 있다는 것을 의미합니다. 통계 프로그램이 가장 많이 하는 작업은 무엇일까요? 아마도 사칙연산 즉 더하기, 빼기, 곱하기, 나누기겠죠? 그럼 이것들을 하나씩 해 볼까요?

1+1은 얼마죠? 네, 2입니다. R은 이것을 알까요? 다음과 같이 입력한 다음 Enter를 칩니다.

표 1-3 1+1 명령어

```
> 1+1
```

그러면 다음과 같이 나옵니다.

표 1-4 1+1 명령어 결과

```
> 1+1
[1] 2
```

즉 [2]라는 결과를 주었습니다. 그 결과 앞에 [1]이라는 것을 볼 수 있는데 이는 나중에 알게 될 테니, 우선은 [2]라는 결과를 보여주었다는 것에 만족하죠. R에서 [1-1]의 결과를 보고자 한다면, 위에서처럼 [> 1-1]이라고 쓰고 Enter 를 쳐 보세요. 그러면 다음과 같은 결과가 보일 겁니다.

표 1-5 1-1 명령어 결과

```
> 1-1
[1] 0
```

콘솔에서 Enter 를 친다는 것은 특정 명령문을 실행하라는 의미이기 때문에 앞으로는 Enter 키를 누르라는 표현을 사용하지 않고 명령문을 실행하라는 표현을 사용하도록 하겠습니다.
두 숫자의 곱셈과 나눗셈은 각각 별 표시(*)와 전방사선(forward slash) 표시(/)를 사용합니다. 예를 들어 2×3을 구하고자 한다면 [> 2*3]을 실행하면 되고 3÷2을 구하고자 한다면 [> 3/2]를 실행하면 됩니다. 각각을 실행한 결과는 다음과 같습니다.

표 1-6 곱셈과 나눗셈의 예

```
> 2*3
[1] 6
> 3/2
[1] 1.5
```

그러면 [1÷0]의 값은 얼마일까요? 이를 실행해보면 다음과 같은 결과가 나옵니다.

표 1-7 0으로 나눈 예

```
> 1/0
[1] Inf
```

우리는 특정한 숫자를 0으로 나누는 것은 정의되지 않는다고 배웠으나 R에서는 [Inf]라는 값을 주도록 설정이 되어 있네요.
사칙연산을 할 때 정해진 순서가 있습니다. 곱셈과 나눗셈을 먼저하고, 괄호에 묶은 연산을 먼저하고 등등의 규칙들이 있습니다. R도 이러한 규칙을 알고 있을까요? [3-3×2+4÷(3-1)]을 계산하면 -1의 값이 나와야 합니다(이 정도는 알고 계시죠?). 실제로 R에서 실행하면 다음과 같은 결과가 나옵니다.

표 1-8 사칙연산의 예

```
> 3-3*2+4/(3-1)
[1] -1
```

네, R은 사칙연산을 정확히 수행할 수 있습니다. 앞으로 골치 아픈 사칙연산은 R에게 맡겨 주십시오.

R에서 매우 빈번하게 사용하는 또 다른 수학기호로는 [sqrt()]와 [^](caret 또는 hat이라고 읽습니다)가 있습니다. 전자는 제곱근 값을 구하는 것이고 후자는 제곱을 구하는 것입니다. 예를 들어 [sqrt(4)=2]이고 [2^3=8]이죠. 이를 실행해 보면 다음과 같습니다.

표 1-9 루트와 제곱 연산자

```
> sqrt(4)
[1] 2
> 2^3
[1] 8
```

우리는 다음과 같은 표현 또한 알고 있습니다(이 말은 알고 있어야 한다는 말입니다). $\sqrt{4}=4^{\frac{1}{2}}$ 과 $\sqrt[3]{8}=8^{\frac{1}{3}}=2$. R도 이것을 알까요? 다음과 같이 확인해 볼 수 있습니다.

표 1-10 제곱 연산자

```
> 4^(1/2)
[1] 2
> 8^(1/3)
[1] 2
```

네, R은 우리가 아는 산수를 모두 계산할 수 있도록 만들어져 있네요. 위의 명령어에서 괄호를 붙이지 않으면 다른 결과가 나온다는 점에 주의하세요.

4. 함수, 객체 그리고 벡터(function, object and vector)

이 책에서 우리가 R을 배우는 궁극적인 목적은 사회조사를 통해 수집한 자료를 분석하기 위해서입니다. 예를 들어 5명의 학생에 대한 키를 조사하였더니 174, 169, 178, 172, 175였다고 가정하죠. 키는 통상 양적 변수(continuous variable)라고 간주하기 때문에 이 자료의 평균과 분산 그리고 표준편차에 관심이 있습니다. 그러면 어떻게 이러한 통곗값들을 구할 수 있을까요?

어떤 자료가 있을 때마다 전체를 더해 사례 수로 나누어 평균을 구하게 되면 매우 비효율적일 것입니다. 그때그때 모든 사례 값을 더해야 하는 수고를 해야 하니까요. 사례 수가 1,000개라고 생각해 보세요. 모든 1,000개의 사례 값들을 하나하나 더하게 되면 상당히 많은 시간이 들겠죠? 그런데 변수가 하나가 아니라 10개 정도 되어서 모든 변수의 평균을 구한다고 생각해 보세요. 각 변수의 1,000개 값을 매번 더하고 그 사례 수로 나누어주어야 할까요? 그러기보다는 평균을 구하는 공식을 만든 후, 새로운 자료가 있을 때마다 자료를 어떤 곳에 저장해 놓고 그 자료에 이 공식을 대입하는 것이 더 효율적일 것입니다. 그러려면 두 가지가 필요합니다: R에서 평균을 구하는 공식을 구현하고 있는 어떤 것과 자료를 저장한 어떤 것. 앞에 있는 것은 함수(function)로 만들어 놓고 뒤에 있는 것은 객체(object)에 저장해 놓습니다.

R에서 다음과 같은 명령어를 실행해 봅시다.

표 1-11 객체 지정과 평균 구하기

```
> ht <- c(174, 169, 178, 172, 175)
> mean(ht)
[1] 173.6
```

위의 명령어 중 첫 번째 것은 174, 169, 178, 172, 175라는 다섯 개의 값으로 이루어진 [ht]라고 불리는 객체를 만들라는 것입니다. "보다 적다"라는 기호인 [<]와 줄 표시(-: dash), 두 개의 기호를 연결해서 만든 [<-]는 어떤 특정한 객체를 만들 때 사용하는 R의 기호입니다. 그리고 [c()]라는 부분에서 [c]는 concatenate의 줄임말인데 둘 이상의 요소를 결합할 때 사용하는 기호입니다. 여러 요소를 결합하기 위해서 쉼표[,]를 사용한 것도 눈여겨보세요. 그다음의 명령어는 어떤 특정한 객체 [ht]의 평균을 구하라는 명령어인데 [mean]은 평균 공식을 담지하고 있는 함수(function)입니다. 이 함수는 이미 누군가가 만들어 놓았기 때문에 어떤 객체가 있든지 그 객체의 평균을 구할 때 쉽게 사용할 수 있습니다. 우리가 모든 요소를 더해서 전체 사례 수로 나누어줄 필요가 없다는 것이죠. 어떤 객체를 특별히 지정하기 위해서 괄호[()]를 사용한 것을 알 수 있습니다.

위의 명령어들을 실행했을 때, 지금까지의 명령어와는 다르게 첫 번째 명령어를 실행한 다음에는 아무런 결과가 없다는 것이 눈에 들어오나요? 네, 그렇습니다. 어떤 특정한 정보를 하나의 객체로 지정할(assign) 때는 아무런 결과를 표현해 주지 않습니다. 그렇다면 지정한 정보가 제대로 들어가 있는지 어떻게 확인할까요? 객체의 이름을 적고 Enter를 쳐 보면 그 객체의 내용이 표시됩니다.

표 1-12 객체 요소 보기

```
> ht
[1] 174 169 178 172 175
```

위의 표에서 볼 수 있는 것처럼 특정한 객체 이름을 적어 놓고 Enter를 치면 그 객체의 요소를 볼 수 있습니다.

위 값들은 키라는 변수의 값을 입력한 것입니다. 위의 키 값들이 사실은 다음과 같은 자료 일부분이라고 해 봅시다.

표 1-13 가설적 키 자료

이름	성별	키
철수	남	174
영희	여	169
진우	남	178
미숙	여	172
동혁	남	175

즉 첫 번째 키 값은 철수의 키인데 철수는 남자입니다. 영희는 여자이고 169의 키 값을 가지고 있는 것이죠. 위의 표에서 볼 수 있는 것처럼 모든 사회조사 자료는 표 모양으로 이루어져 있어 각 행은 사례를 뜻하게 되고, 각 열은 변수를 뜻하게 됩니다.

지금까지 키 변수를 입력했으니까 이름과 성별 중 성별 변수를 [gend]라는 이름으로 지정해 볼까요? 앞에서 [ht]라는 객체를 지정한 것을 보고 어떻게 [gend] 객체를 만들 것인지를 먼저 생각해 보세요. 다음처럼 해 볼까요?

표 1-14 성별 객체 입력

```
> gend <- c(남, 여, 남, 여, 남)
```

Ooooops, 위의 명령어를 실행하면 [Error: object '남' not found]라는 결과가 뜹니다. R에서 모든 문자는 객체로 인식하도록 프로그램 되어 있기에 첫 번째 요소인 [남]이라는 문자도 객체로 인식했는데, [남]이라는 객체를 만든 혹은 정의한 적이 없기에 오류(error) 표시가 뜨는 것입니다. 이러한 오류를 해결하기 위해서는 성별이 문자로 된 변수값으로 이루어져 있다는 것을 인식하고 이 문자로 된 변숫값을 지정해주면 됩니다. 다음과 같이 말이죠.

표 1-15 성별 객체 입력

```
> gend <- c("남", "여", "남", "여", "남")
```

위의 명령어를 실행하면 아무런 오류가 뜨지 않습니다. [남]과 [여]라는 문자를 [""]라는 표시를 써서 "변숫값"으로 인식하도록 만들었기 때문이죠. 이렇듯 문자로 이루어진 값들을 지정하기 위해서는 큰따옴표[""]를 사용하여 R에게 인식시켜 주어야 합니다. 앞에서처럼 [> gend]를 실행하여 각 요소가 제대로 들어 있는지 확인해 봅시다.

표 1-16 성별 객체 보기

```
> gend
[1] "남" "여" "남" "여" "남"
```

한 가지 주의할 점은 위의 명령어를 한글 프로그램이나 워드 프로그램에서 작성한 후 복사해서 R에 붙여넣기하면 객체를 지정할 때는 오류가 뜨지 않다가 [> gend]로 객체를 보려고 하면 오류가 뜬다는 것입니다. 하지만 앞서 숫자로 된 [ht] 객체는 입력이나 출력에 있어 아무런 문제가 없습니다. 이는 R이 사용하는 문자 저장 방식과 이들 프로그램이 사용하는 문자 저장 방식의 차이 때문이라고 생각됩니다. 나중에 다시 이런 문제가 등장하기 때문에 잠깐 설명하면 R은 [UTF-8]이라는 방식으로 문자를 저장하지만, 이들 프로그램은 윈도우 프로그램이 사용하는 [CP949]라는 방식으로 저장하기 때문입니다. 그래서 단순히 복붙(복사하여 붙여넣기)하면 둘 사이에 호환이 되지 않아 오류가 생기게 되는 것이죠. 앞서 소개한 Notepad++ 같은 프로그램은 초기설정으로 [UTF-8]을 쓰기 때문에 이 프로그램에서 먼저 문자가 들어 있는 명령어를 작성한 다음 복붙하여 실행해도 아무런 문제가 없습니다. 문자 저장 방식에 대해서는 구글(Google) 신에게 물어봄으로써 더 알아보세요. 이 문단에서 중요한 메시지는 한글 파일과 같은 몇몇 프로그램에서 명령어를 작성하여 R로 단순히 복붙하면 위험하다는 것입니다. 그렇기에 R에서 명령어를 직접 써넣거나 나중에 소개할 명령어 편집기 즉 R Editor나 RStudio를 사용하시기를 바랍니다.

이 부분에서 배운 것을 요약하자면, 객체를 지정하는 특정한 방법이 있고 객체는 두 가지가 있었는데, 하나는 숫자로 이루어진 것과 다른 하나는 문자로 이루어진 것이 있었습니다. 숫자로 이루어진 객체를 만들 때는 요소를 적고 쉼표로 이어주면 되지만 문자로 이루어진 것은 각 요소를 큰따옴표 안에 넣어야 했습니다. 이렇게 하나의 변수를 문자든 숫자든 동일한 요소로 이루어진 객체로 만든 것을 R에서는 벡터(vector)라고 합니다. 객체에는 매우 다양한 형태들이 있는데, 벡터는 그 형태 중 하나이며 다른 형태에 대해서는 앞으로 더 논의할 것입니다. 다만 여기에서는 객체의 한 유형으로서 벡터가 있습니다. 벡터란 1) 자료의 맥락에서 하나의 변수를 뜻하는 것으로 2) 동일한 특성 즉 문자든 숫자든 동일한 특성을 가진 요소로 이루어진 객체라고 알아두도록 하죠. 요소의 특성에도 다양한 것들이 있는데 여기에서는 숫자와 문자 두 가지로 요약하였으며, 숫자로 이루어진 벡터를 숫자 벡터(numeric vector)라고 하고 문자로 이루어진 벡터를 문자 벡터(character vector)라고 합니다.

두 번째 주 week 2

요소와 객체 그리고 그 유형

- 분석 작업의 공유를 위해 R 편집기를 활용하고 설명을 적는 방법을 배운다.
- 요소(element)의 종류와 벡터 및 행렬 그리고 list의 특성에 대해 소개한다.
- 각 객체의 위치 정보를 파악하는 방법을 논의한다.

1. R 편집기(R Editor) 활용

여러분들은 어제 어떤 일을 했는지 기억하나요? 일주일 전에 한 일은 기억하나요? 아마도 기억력이 매우 좋은 사람은 어제 한 일을 모두 기억할 수 있습니다. 더 좋은 기억력을 가지고 있는 사람은 일주일 전에 한 일을 모두 기억할 수도 있습니다. 하지만 한 달 전에 한 일을 모두 기억하고 있는 사람은 없겠죠. 사실 저는 어제 한 일은커녕 때때로는 한 시간 전에 한 일도 기억을 못 한답니다. 이 무슨 뜬금없는 기억력 이야기냐 하는 분도 있을 텐데요.

지난 시간에 키에 관한 자료를 만들면서 다섯 명의 사례에 대한 키와 성별 변수를 담고 있는 객체를 만들었습니다. 그 자료를 오늘 또 사용한다고 해 봅시다. 그럼 다시 그 자료를 만들어야 합니다. 기억력에 의존해서 그 자료를 다시 만들 수 있을까요? 어딘가에 그 자료를 만들어 문서로 저장해 두지 않으면 기억력에 의존해서 복원해 내야하고 기억력이 좋지 않다면 그 자료는 없어질 것입니다. 그렇죠. 우리는 문서로 만들어서 저장해 놓아야 합니다. 지금이야 우리가 다룬 명령어가 많지 않아서 다 기억할 수도 있을지 모르지만, 앞으로 매우 많은 명령어를 배우게 되고 어떤 날 자료 분석을 위해 명령어를 사용했다면 그 명령어를 모두 기억하기 어렵습니다. 예를 들어 어제 한국노동패널 자료를 활용하여 성별과 임금의 관계를 살펴보기 위해 R을 이용했는데 다시 그 작업을 해 보고 싶다면 처음부터 명령어를 다시 쓸 것이 아니라 어제 작업을 저장해 놓고 오늘 다시 꺼내 쓰는 것이 효율적인 방법이겠죠? 이렇게 명령어를 저장해 놓는 한 가지 방법은 R 편집기(R Editor)를 사용하는 것입니다.

R 편집기를 사용하여 명령어를 저장해 놓으면 다시 특정 작업을 이어가고자 할 때 편하지만, 또 다른 장점은 다른 사람들과 자신의 작업에 대해서 의사소통할 수 있다는 점입니다. 우선 내가 어떤 작업을 했을 때, 이 작업이 옳은지 그렇지 않은지 다른 사람이 검토해 볼 수 있습니다. 이런 방식으로 자신의 실수를 고칠 수 있고, 만약 검토자가 간결하면서도 효율적이라는 의미에서 더 좋은 명령어들을 알려 준다면 실력을 늘릴 수 있습니다. 특히 최근에 국제적인 학술지에 논문을 출간하고자 하면 자료를 분석한 명령어를 특정 웹사이트에 올리도록 규정하는 경향이 생기고 있습니다. 그렇게 하여 다른 사람이 같은 작업을 반복해서 같은 결과를 얻을 수 있는지를 검증해 봄으로써 그 논문에 대한 신뢰도를 높여 나가는 것입니다.

문서로 저장해 공유하는 것의 이점 중 다른 하나는 일을 여러 부분으로 나누어서 작업한 다음 나중에 통합할 수 있다는 것입니다. 예를 들어 누군가는 자료를 입력하고 누군가는 자료를 정제하고, 누군가는 분석함으로써 협업을 할 수 있다는 것이죠. 이렇게 일이 분업화되면 한 사람이 자료를 만들어 놓았을 때 여러 사람이 분석할 수 있어서 자료 사용을 극대화할 가능성을 높입니다.

자, 이 정도면 편집기를 쓸 만한 충분한 이유가 되겠죠? 그럼 이제 편집기를 사용하는 방법을 알아봅시다. 우선 R을 연 다음, 메뉴 바에서 [File → New Script]를 클릭합니다. 그러면 R 편집기가 뜨고 커서가 반짝이는 것을 볼 수 있습니다. 우선 사칙 연산 중 덧셈을 먼저 해 볼까요? 다음과 같이 편집기에 적어 넣어 보세요.

표 2-1 편집기에서 덧셈하기

```
2+4
```

이제 명령문을 적어 넣었으니 이 명령문을 실행해야 되겠죠? 콘솔에서는 Enter를 치면 충분했지만 편집기에서는 Enter를 치면 명령어가 실행되는 것이 아니라 커서가 한 줄 내려가게 됩니다. 그럼 편집기에 적어 놓은 명령어를 어떻게 실행하는지 알아야겠죠? 그러기 위해서 특정 명령어 줄에 커서를 옮긴 후 Ctrl+R을 눌러보세요. Ctrl+R이라고 하는 것은 Ctrl을 누른 상태에서 문자 [R]을 누르면 됩니다. 비록 [R]은 대문자로 쓰여 있지만, 대문자로 쓰기 위해서 Shift를 누르지는 마세요. 여기서 [R]은 대문자 R을 사용하라는 것이 아니라 문자 [R]이 쓰여 있는 자판을 누르라는 것입니다. 대문자를 사용하기 위해서 Shift를 눌러야 하는 상황이 있으면, Ctrl+Shift+R이라고 적을 것입니다. 또한 두 개 이상의 자판을 눌러야 할 때는 앞에서 순서대로 눌러야 한다는 것도 기억하세요. 즉 Ctrl+Shift+R이라고 할 때 먼저 Ctrl을 누른 상태에서 Shift도 누르고, 두 자판을 모두 누른 상태에서 [R]을 누르면 됩니다. 여하튼 위 명령어로 커서를 옮긴 다음 Ctrl+R을 누르면 콘솔에 명령어가 써지면서 실행이 되는 것을 볼 수 있습니다. 특정 명령어 줄을 실행할 때, 커서는 그 명령어가 있는 줄이면 어떤 부분에 있어도 상관없습니다. 즉 커서가 그 명령어의 맨 앞에 위치하던가, 가운데 있던가 아니면 마지막에 있던가에 따라 결과가 달라지지는 않습니다.

자, 그럼 이제 어제 만든 키 자료를 다시 만들어 볼까요? 편집기에 다음과 같이 적어 넣도록 합시다.

표 2-2 편집기에서 자료 입력

```
2+4

ht <- c(174, 169, 178, 172, 175)
gend <- c("남", "여", "남", "여", "남")
```

명령어를 입력하면서 중간에 한 줄 띄웠다는 점을 눈여겨봐 주세요. 자료를 입력하는 마지막 두 줄을 실행하려면 어떻게 해야 할까요? 네, 그렇죠. 각 줄에 커서를 옮긴 후 Ctrl+R을 누르면 됩니다. 그러면 콘솔에서 명령어가 실행되는 것을 볼 수 있을 겁니다. 자료가 제대로 입력되었는지 확인하려면 어떻게 해야 하죠? 네, 그렇습니다. 콘솔에서 [> ht]나 [> gend]라고 치고 실행을 했을 때 동일한 값들이 나오면 제대로 입력이 된 것이겠죠?

위에서는 특정 명령어 한 줄을 실행하는 법을 배웠습니다. 만약 편집기에 들어 있는 두 줄 이상의 특정 부분을 실행하고 싶다면 어떻게 해야 할까요? 실행하고 싶은 부분을 하이라이트 한 다음 Ctrl+R을 누르면 됩니다. 하이라이트를 하려면 명령어가 시작되는 부분에 커서를 옮기고 Shift 를 누른 상태에서 자판의 화살표나 커서를 이동시키는 다른 키를 이용해서 커서를 움직이면 됩니다. 그러면 명령어 부분들이 하이라이트가 되는 것을 볼 수 있습니다. 예를 들어 〈표 2-2〉에 있는 모든 명령어를 실행하고 싶다면 [2+4]라고 쓰인 맨 앞으로 커서를 옮긴 후 Shift 를 누른 상태에서 [PgDn]을 눌러보세요. 그러면 네 줄 모두 하이라이트 되는 것을 볼 수 있습니다. 그런 상태에서 Ctrl +R을 눌러 명령어를 실행시켜 보세요. 콘솔에서 명령어가 실행되는 것을 볼 수 있습니다.

이제 편집기에 들어 있는 정보를 어딘가에 저장해 놓아야 다음에 또 꺼내 쓸 수 있겠죠? 편집기로 커서를 옮겨 활성화한 후 Ctrl +S를 눌러 보세요. 위에서는 R 명령어를 실행하기 때문에 Ctrl +R이었고 여기서는 편집기 문서를 저장하기(save) 때문에 Ctrl +S를 사용합니다. Ctrl +S를 누르면 저장하고자 하는 폴더와 파일 이름 그리고 파일형식을 고르는 대화창이 뜹니다. 폴더와 이름은 여러분 마음대로 정하시면 되지만 파일형식은 초기설정을 유지하세요. 그리고 저장을 누릅니다. 여러분이 방금 저장한 파일을 명령어 파일(script file)이라고 합니다. 위에서 편집기를 사용하기 위해서 메뉴 바에서 [New Script]를 선택했던 것을 기억하세요. 명령어 파일을 저장 후 파일을 저장한 폴더로 가보면, 방금 저장한 파일과 동일한 이름을 가진 파일이 있고 파일 확장자는 [R]이라고 되어 있을 겁니다. 파일 확장자(file extension)는 문서의 종류를 적어 놓은 것으로, 파일 이름 뒤 마침표를 찍고 엑셀은 [xlsx], 한글은 [hwp], 워드는 [docx] 같은 것으로 표기해 놓은 것입니다.

2. 코멘트 적어 넣기

지난 시간에 코멘트 기호, 즉 [#](흔히 pound sign이라고 읽습니다)에 대해 언급한 것을 기억하나요? 이 기호는 해당 행에 있는 이 기호 다음에 오는 글들은 코멘트로 처리하고 명령어로 읽지 말라고 하는 기호라고 언급했습니다. 즉 어떤 명령어들을 실행해야 하지만 특정 명령어는 실행하고 싶지 않을 때, 실행하고 싶지 않은 명령어 앞에 이 기호를 넣으면 그 명령어는 실행되지 않게 된다는 것입니다. 이 기호의 쓰임에 대해서 알아봅시다.

우선 콘솔에 가서 다음의 명령어를 실행해 보세요.

표 2-3 객체 제거 명령

```
> rm(ht, gend)
> ht
```

위에서 [rm()]은 괄호 안에 있는 객체들을 제거하라(remove)는 명령어입니다. 먼저 위에서 만든 객체들을 제거했기 때문에 두 번째 줄에서 [ht]를 보여 달라고 하면 당연히 [Error: object 'ht' not found]라는 결과가 떠야 합니다.

이제 편집기로 돌아와서 명령어 파일을 다음과 같이 바꾸어 볼까요?

표 2-4 코멘트 예

```
2+4

## ht <- c(174, 169, 178, 172, 175)
gend <- c("남", "여", "남", "여", "남")
```

마지막 두 줄을 실행한 후 콘솔에서 [> ht]를 실행하여 [ht]를 보여 달라고 해 보세요. 어떤 결과가 뜨죠? 앞서와 마찬가지로 [Error: object 'ht' not found]라는 결과가 떠야 합니다. 그러면 [> gend]를 실행하면 어떻게 되나요? [gend]의 값들이 나타나나요? [#]으로 시작하는 행은 명령어로 읽지 못하기 때문에 그 명령어는 실행이 되지 않아서 [ht]가 만들어지지 않았지만, 마지막 행은 코멘트 기호가 없어서 명령어가 실행되었기 때문에 [gend]가 만들어진 것입니다. 물론 [#]은 한 번만 적어도 그다음에 오는 명령어는 코멘트로 처리되어 실행되지 않지만, 위에서는 연속으로 두 번 적고 한 칸을 띄운 다음 명령어를 적었습니다. 이렇게 적는 것이 표준적인 사용방법이기 때문입니다.

코멘트 기호를 사용하는 가장 큰 이유는 명령문이 어떤 것을 뜻하는지 노트를 적어 놓기 위해서입니다. 앞의 명령어를 다음과 같이 만들어 볼까요?

표 2-5 코멘트 예

```
##  simple calculation
2+4

## inputting data
ht <- c(174, 169, 178, 172, 175)      ## ht object
gend <- c("남", "여", "남", "여", "남")    ## gend object
```

어떻습니까? 한결 보기 편하고 내가 어떤 작업을 했는지 쉽게 알 수 있죠? 물론 명령문마다 코멘트를 다는 것은 시간 낭비입니다. 나중에 다시 명령문을 보았을 때 무슨 작업을 했는지 한눈에 파악할 수 있게 만들어 놓을 정도로만 코멘트를 달아 놓으면 됩니다. 만약 다른 사람과 같이 작업하는 것이라면 당연히 그 사람이 보았을 때 이해할 수 있도록 작성해 두는 것이 중요하겠습니다.

잠깐 잊었는데, 작업 도중에 시시때때로 Ctrl+S를 눌러 파일을 저장해 두는 것을 잊지 마세요. 윈도우시스템은 제 경험상 매우 불안정하기에 어느 순간 프로그램이 작동을 멈출 때가 있는데 그 경우 해 놓은 작업 모두 날아가는 경우가 비일비재합니다. 하지만 계속해서 저장해 놓으면 날아가는 양이 줄어들겠죠. 여러분들이 5~6시간 해 놓은 작업을 날려보게 되면 Ctrl+S를 지속해서 누르는 것이 얼마나 중요한지 깨닫게 됩니다. 이런 것들은 아무리 말해도 듣지 않지만, 소중하게 작업한 것을 몇 번 날려보는 경험을 해 보면 습관적으로 두 키를 누르게 된답니다. 제가 그랬던 것처럼 말이죠.

3. 요소(element)와 벡터의 종류 및 특성

앞서 객체에 대해 언급하면서 숫자 벡터와 문자 벡터에 관하여 설명했습니다. 벡터란 객체의 한 종류로서 조사 자료의 관점에서 보면 하나의 변수를 뜻하는 것으로, 동일한 특성 즉 문자든 숫자든 동일한 특성을 가진 요소로 이루어진 객체라고 알아두도록 하죠. 이제 벡터를 비롯한 객체의 종류에 대해서 좀 더 알아보도록 하겠습니다. 객체의 종류에 대해서 살펴보기 전에 요소(element)의 종류와 특성에 대해서 살펴볼 필요가 있어 이 부분을 먼저 살펴보도록 하겠습니다.

R에서 요소의 종류는 type이라고 불리는데 logical, integer, double, complex, character, raw라는 6가지가 있습니다. logical은 TRUE와 FALSE의 값만을 가지는 요소이고 integer는 정수 예를 들어 1, 2, 3의 값을 의미한다고 보시면 됩니다. double은 소수점을 가지는 수 예를 들어 1.1, 1.2, 1.3이라고 생각하시면 되고 complex는 복소수 예를 들어 1+2i, 2+3i 같은 값들을 생각하시면 됩니다. character는 문자를 의미하는 것, raw는 앞서 언급하지 않은 모든 것들을 의미한다고 생각하시면 되겠습니다. 앞서 우리는 numeric에 대해서 언급했는데 numeric이 없네요? numeric은 integer와 double을 합쳐 부르는 말이라고 생각하시면 되겠습니다. 둘 다 숫자에 관한 것이라는 것을 알 수 있지 않나요?

위에서 언급한 6가지 중에서도 logical, integer, double, character가 가장 중요하고 이 책에서 주로 사용될 것이기 때문에 이들에 대해서 더 알아보도록 하죠. 앞서 벡터는 동일한 특성을 가지는 요소로 이루어진 것이라고 했기 때문에 각 요소로 이루어진 벡터 몇 개를 만들어 보도록 하죠. 다음의 명령문을 적고 실행해 봅시다.

표 2-6 다양한 요소를 구현한 벡터의 종류

```
vec_lo <- c(TRUE, FALSE, TRUE, TRUE)     ## logical vector
vec_in <- c(1L, 2L, 3L, 4L)              ## integer vector
vec_do <- c(1, 2, 3, 4)                  ## double vector
vec_ch <- c("1", "2", "3", "4")          ## character vector
```

위의 명령문에서 integer 벡터를 만들 때 숫자 뒤에 [L]을 붙여 만들었고 이 문자를 빼면 double 벡터로 만들어진다는 것을 눈여겨보세요. 그럼 우리가 의도한 대로 각 객체가 요소의 특성을 담고 있는지 살펴볼까요? 이를 위해 [typeof()]라는 명령문을 활용해 다음과 같이 실행해 보세요. 앞서 요소의 특성을 type이라고 했으니 이를 알아보고자 하는 명령어가 [typeof()]라는 것은 쉽게 이해할 만한 일입니다.

표 2-7 벡터의 종류 검사

```
> typeof(vec_lo)
[1] "logical"
> typeof(vec_in)
[1] "integer"
> typeof(vec_do)
[1] "double"
> typeof(vec_ch)
[1] "character"
```

지금 살펴보고 있는 네 가지 요소의 종류에서 중요한 것 중 하나는 logical에서 character로 갈수록 더 많은 정보를 담고 있어 logical로 된 요소를 integer로 바꿀 수 있습니다. 즉 integer를 double로 바꿀 수 있지만, 그 반대로 바꿀 수는 없다는 것입니다. 이를 확인하기 위해 다음과 같은 명령문을 실행해 볼까요?

표 2-8 logical 벡터와 integer 벡터의 열 결합

```
> mt1 <- cbind(vec_lo, vec_in)
> mt1
     vec_lo vec_in
[1,]      1      1
[2,]      0      2
[3,]      1      3
[4,]      1      4
```

[cbind()]라는 명령문은 괄호 안에 있는 요소를 열로 묶으라는 명령어입니다. 그래서 첫 번째 명령어는 [vec_lo]와 [vec_in]을 열로 묶어 하나의 행렬(matrix)로 만들라는 것입니다. 행렬은 벡터와 마찬가지로 동일한 특성의 요소를 가지고 있는 정보의 집합이라고 할 수 있는데, 여러 벡터를 묶어 놓은 것입니다. 두 번째 명령문을 실행해 보면 새로 만들어진 행렬의 요소들을 보여주는데 원래 TRUE 혹은 FALSE의 값을 가졌던 첫 번째 열이 0과 1의 값으로 변환된 것을 볼 수 있습니다. 그리고 한 가지 주의해야 할 것은 [mt1]이 integer 벡터이지만 그 요소를 보여줄 때는 [L]이라는 문자가 없다는 것입니다. [> vec_in]이라는 명령어를 실행해 원래 integer 벡터를 보여줄 때 [L] 문자를 보여주지 않는다는 것을 확인할 수 있고 또 [>

typeof(mt1)] 명령어로 [mt1]의 유형을 알 수 있습니다.

[cbind()]는 두 벡터를 열로 묶는 것이라고 했는데요, 그러면 [rbind()]는 무엇일까요? 네, 그렇습니다. 행으로 묶는 것이겠죠? 그렇다면 다음의 명령어를 실행하면 어떻게 될까요?

표 2-9 double 벡터와 character 벡터의 행 결합

```
> mt2 <- rbind(vec_do, vec_ch)
> mt2
```

일단 두 벡터를 행으로 묶으니 2×4 행렬이 나와야 할 것이고 그 행렬은 character 행렬이어야겠죠. 따라서 다음과 같은 결과가 나올 것입니다.

표 2-10 double 벡터와 character 벡터의 행 결합 결과

```
> mt2
       [,1] [,2] [,3] [,4]
vec_do "1"  "2"  "3"  "4"
vec_ch "1"  "2"  "3"  "4"
```

콘솔에서 [> typeof(mt2)]라는 명령어를 실행하여 새로 만들어진 행렬의 유형이 어떤 것인지 확인할 수 있습니다. 이렇게 작은 정보를 가진 것과 큰 정보를 가진 것을 묶으면 큰 정보를 가진 유형으로 변환되는데 이런 것을 R 전문용어로 [coercion]이라고 합니다. 강제로 특성을 바꾼다는 뜻이죠.

요소를 다루는 이러한 방식은 비단 여러 벡터를 결합하는 과정에서만 나타나는 것이 아니라 벡터를 만들 때도 적용됩니다. 예를 들어 double 벡터를 만들고자 했는데, 한 요소가 character의 특성이 있었다면 그 벡터는 character로 바뀐다는 것입니다. 다음과 같은 명령문으로 이를 확인해 보도록 하죠.

표 2-11 double 요소와 character 요소를 가진 벡터 입력 결과

```
> vec_cx <- c(1, 2, 3, "4")
> vec_cx
[1] "1" "2" "3" "4"
```

각 벡터 유형에 있어 중요한 특성 중 하나는 숫자 연산이 가능하냐? 입니다. 당연히 숫자로 된 벡터는 연산할 수 있으나 문자로 된 벡터는 숫자 연산이 가능하지 않겠죠? 이를 확인하기 위해 다음과 같은 명령어를 실행해 보도록 하죠.

표 2-12 숫자와 문자 벡터의 연산

```
> vec_lo+vec_lo
[1] 2 0 2 2
> vec_lo+vec_do
[1] 2 2 4 5
> vec_do+vec_ch
Error in vec_do + vec_ch : non-numeric argument to binary operator
```

연산을 적용하게 되면 logical 벡터는 0과 1의 값으로 변환되어 계산됩니다. integer 벡터와 double 벡터는 그 자체가 숫자이기 때문에 연산이 가능한 것이구요. 하지만 문자로 된 벡터는 연산이 가능하지 않아서 double 벡터와 character 벡터를 더하면 오류가 나게 됩니다. 이 부분은 매우 중요한 것인데요, 매우 당연하게도 연산은 숫자에만 적용될 뿐 문자에는 적용되지 않습니다.

앞서 언급한 것처럼 흔히 integer 벡터와 double vector를 합쳐 numeric 벡터라고 합니다. 하지만 integer 벡터를 만들어 주기 위해서는 뒤에 문자 [L]을 붙여야하기에 만들기 귀찮습니다. 따라서 앞으로는 다 double 벡터만을 사용하도록 하고 이를 numeric 벡터라고 하도록 하겠습니다. 그래서 앞으로는 논리(logical) 벡터, 숫자(numeric) 벡터, 문자(character) 벡터만을 이야기하도록 하겠습니다.

4. 벡터와 행렬 요소의 위치 정보(index)

벡터나 행렬의 각 요소는 특정한 위치에 들어 있습니다. 예를 들어 [vec_ch] 첫 번째 값은 ["1"]이고 두 번째 값은 ["2"]입니다. 행렬인 [mt1]의 1행 1열 즉 (1,1)에 있는 값은 [1]이고, 1행 2열 즉 (1,2)에 있는 값은 [1]입니다. 이는 달리 말하면 각 요소는 특정한 위치 정보를 가지고 있다는 것입니다. 벡터나 행렬의 특정한 위치에 있는 요솟값을 알고자 하면 어떻게 할 수 있을까요? 예를 들어 앞서 만든 [vec_ch]의 두 번째에 있는 값은 ["2"]인데, 이 값을 출력하고자 하면 어떻게 할 수 있을까요? 혹은 [mt2]의 1행 2열, 하나의 기호로 (1,2)에 있는 요소인 ["2"]를 출력하고자 하면 어떤 명령어를 사용할까요? 다음의 두 명령어를 실행해 보도록 하죠.

표 2-13 **벡터와 행렬의 특정 요소 위치 정보**

```
> vec_ch[2]
[1] "2"
> mt2[1,2]
vec_do
   "2"
```

위의 명령어를 실행함으로써 알 수 있듯이 특정 개체의 위치에 접근하기 위해서는 대괄호 []를 사용합니다. 다만 벡터는 하나의 행 또는 열이기 때문에 대괄호 []를 사용하고 행렬은 두 개 이상의 벡터로 이루어져 있어서 대괄호에 행의 위치와 열의 위치를 모두 적되, 행의 위치가 먼저 오도록 쉼표로 구분하였습니다. 위에서 double 벡터와 character 벡터가 행렬로 합해지면 double 벡터가 character 벡터로 바뀐다고 했는데, 이를 확인해 보는 한 가지 방법은 [mt2]의 (1,1)에 있는 요소의 유형을 보는 것입니다. 이런 것을 보는 명령어는 그럼 무엇일까요? 네, 그렇습니다. [> typeof(mt2[1,1])]이겠죠. [vec_lo]의 세 번째 요소와 [mt1]의 (3,2)번째 요소를 더한 값은 어떻게 구할까요? 네, [> vec_lo[3]+mt1[3,2]]입니다. 그 값은 4네요.
만약 행렬의 특정 행이나 특정 열의 모든 값을 보여주고 싶으면 어떻게 하면 될까요? 예를 들어 [mt2]의 셋째 행에 있는 모든 값을 보고자 하거나 둘째 열에 있는 값을 보고자 하면 어떤 명령어를 사용하면 될까요? 앞의 경우는 [> mt2[3,]]이라는 명령어를, 뒤의 경우 [> mt2[,2]]라는 명령어를 사용하면 됩니다. 즉 특정 행이나 열의 값은 괄호 안에 넣지만 다른 행이나 열은 비워두는 것이죠. 이런 방식으로 특정 행렬의 행이나 열을 다른 객체로 만들 수 있습니다. 그렇다면 [mt2]의 네 번째 행에 있는 내용을 [hw1]이라는 객체로 만드는 명령문은 무엇일지 생각해 봅시다.
요약하자면 어떤 객체의 특정 요소는 특정 값으로 이루어져 있지만, 다른 관점에서 보면 그 값은 특정 객체의 특정 위치 놓여 있어서 이 위치 정보를 확인하여 이 요소에 쉽게 접근할 수 있습니다. 이 위치 정보를 index라고 하는데, R에서는 대괄호 []를 사용하여 나타냅니다.

5. list

지금까지 두 가지 객체의 종류—벡터와 행렬—에 대해서 알아보았습니다. 이 두 객체는 동일한 특성을 가진 요소를 담고 있다는 점에서 동일하지만, 벡터는 한 변수의 값들을 담고 있어서 한 줄로 되어 있습니다. 따라서 행렬은 여러 벡터의 결합이라고 생각하시면 됩니다. 이 이외에도 몇 가지 중요한 객체 유형이 있는데 list, factor, data frame, function이 그들입니다. 이들은 외부 자료를 R로 불러들이고 변숫값들을 변형시키며 분석 결과에 접근하는데 핵심적인 역할을 하므로 이들에 대해서 잠깐 살펴보도록 하겠습니다. 마지막에 있는 function은 앞서 밝힌 것처럼, [mean()]이나 [sum()]과 같이 특정한 공식들은 담고 있는 객체라고 할 수 있으므로 객체에 대해 알아보는 부분에서는 특별히 언급하지는 않을 것입니다. 다만 수준이 있는 프로그래밍에 대해 배울 때 function을 만드는 방법에 대해서 살펴보도록 하겠습니다.
앞서 벡터와 행렬은 요소의 유형이 동일해야 한다는 것을 반복해서 지적하였습니다. 그렇다면 다른 유형의 요소 혹은 벡터를 하나로 묶기 위해서는 어떻게 해야 할까요? 그 한 가지 방법은 list로 만드는 것입니다. 혹은 둘 이상의 객체를 list하는 것이죠. 다음과 같은 명령문을 실행해 보도록 하죠.

표 2-14 list 만들기

```
> lst1 <- list(vec_do, vec_ch)
> lst1
[[1]]
[1] 1 2 3 4

[[2]]
[1] "1" "2" "3" "4"
```

우선 [list()]라는 명령어를 사용하여 list 객체를 만들거나 둘 이상의 객체를 list하고 그 내용을 보도록 했습니다. list의 내용을 출력한 것을 보면 앞서 본 벡터나 행렬과 사뭇 다른 것을 볼 수 있습니다. 동일한 유형이 아닌 요소 혹은 객체들을 묶기 위해서 위와 같은 방식으로 표현하는 것이라고 여기면 될 것 같습니다.

벡터나 행렬에 각 요소의 위치 정보가 있었던 것처럼 list도 그런 위치 정보를 가지고 있습니다. 다만 list는 여러 벡터나 행렬의 결합으로 이해할 수 있으므로 하나의 객체를 이루는 하위 객체가 있어 이를 나타내기 위해 이중 대괄호 [[ ]]를 사용합니다. 예를 들어 [lst1]의 첫 번째 객체 즉 [vec_do]를 보여주기 위해서는 다음과 같이 실행합니다.

표 2-15 list 위치 정보

```
> lst1[[1]]
[1] 1 2 3 4
```

그렇다면 특정 list 객체 속의 한 객체의 특정 위치에 있는 값을 알고자 하면 어떻게 할까요? 예를 들어 [lst1]의 두 번째 객체의 첫 번째 요소의 값을 출력하고자 하면 어떤 명령어를 적어야 할까요? 네, 그렇습니다. [lst1]은 list이고 그 두 번째 객체는 벡터이기 때문에 [> lst1[[2]][1]]라고 하면 되겠죠.

list의 주요 특성 중 하나는 하위 객체에 있는 각 요소의 종류가 달라도 된다는 것이라고 언급했습니다. 어떻게 이를 확인해 볼 수 있을까요? 그렇죠, [lst1]이라는 list에 들어 있는 각 객체의 요소 유형을 보는 것입니다. 다음과 같은 명령문을 편집기에 쓴 다음 실행해 봅시다.

표 2-16 list 객체의 요소 유형 확인

```
> typeof(lst1[[1]])
[1] "double"
> typeof(lst1[[2]])
[1] "character"
```

각 벡터의 특성이 변하지 않고 그대로 살아있는 것을 볼 수 있죠?

앞서 행렬을 만들 때와 list를 만들 때 그 결과를 보면 행렬에서는 각 벡터의 이름이 그대로 들어가 행이든 열이든 살아있는 반면, list에서는 벡터의 이름이 없어지고 숫자 1, 2로 나타난 차이를 볼 수 있습니다. list에서 객체의 이름을 만들어주기 위해서는 다음과 같은 명령어를 실행해 보세요.

표 2-17 이름을 넣은 list 객체

```
> lst2 <- list(vec1=vec_do, vec2=vec_ch)
> lst2
$vec1
[1] 1 2 3 4

$vec2
[1] "1" "2" "3" "4"
```

list를 만들 때, 사용하고자 하는 이름을 적고 = 기호를 적은 다음 사용할 객체를 적어 주면 사용하고자 하는 이름이 list에 적혀 있는 것을 볼 수 있습니다. 이런 방식으로 list를 만드는 것이 좋은 한 가지 이유는 사용한 이름을 통해 위치 정보를 알 수 있기 때문입니다. 다음과 같은 명령어를 실행해 볼까요?

표 2-18 이름 있는 list 객체의 위치 정보

```
> lst2$vec1
[1] 1 2 3 4
> lst2$vec1[2]
[1] 2
```

list에 이름이 있다면 달러 표시 [$]와 이름을 사용하여 위치 정보에 접근할 수 있습니다. 먼저 list의 이름을 적고 [$]를 적은 다음 보고자 하는 하위 객체의 이름을 적는 것이죠. 첫 번째 명령어처럼 말이죠. 그리고 그 하위 객체의 특정 위치에 있는 요소를 보고자 한다면 사각형 괄호 []를 사용하게 됩니다. 그 하위 객체는 list가 아니고 벡터로 되어 있으므로 이중대괄호[[ ]]가 아닌 하나의 대괄호[]를 사용하는 것입니다.

어떤 특정한 list에 있는 하위 객체의 이름을 모두 보고 싶다면 [names()]라는 명령어를 사용합니다. 다음의 명령어를 실행해 보도록 합시다.

표 2-19 list 객체의 이름

```
> names(lst2)
[1] "vec1" "vec2"
> names(lst1)
NULL
```

[lst2]는 하위 객체를 묶을 때, 이름을 주었기 때문에 그 이름들이 출력되었지만 [lst1]을 만들 때는 하위 객체의 이름을 주지 않았기 때문에 [NULL]이라는 결과가 나왔습니다. 이름이 없다는 것이죠.

이름에 관한 것이 나왔으니 앞서 만든 행렬의 이름도 이야기해 보도록 하겠습니다. 행렬은 행과 열의 이름이 있어야겠죠? 그래서 [rownames()]와 [colnames()]라는 명령어를 사용합니다. 위에서 만든 행렬 [mt1, mt2]를 이용해서 다음의 명령문을 실행해 보면 각 명령어가 무엇을 의미하는지 알 수 있을 것으로 생각합니다.

표 2-20 행렬의 이름

```
> colnames(mt1)
[1] "vec_lo" "vec_in"
> rownames(mt2)
[1] "vec_do" "vec_ch"
> colnames(mt2)
NULL
```

다만 행렬에서는 이름을 이용하여 위치 정보를 사용할 수 없다는 점을 알아두도록 합시다. 다음의 명령문 실행을 통해 이 사실을 알 수 있습니다.

표 2-21 행렬의 이름을 사용한 위치 정보

```
> mt1$vec_lo
Error in mt1$vec_lo : $ operator is invalid for atomic vectors
```

세 번째 주 week 3

객체 유형과 연산

- factor와 data frame 객체의 특성과 활용 방법에 대해 살펴본다.
- 벡터 결합으로 행렬과 data frame을 만드는 방법을 배운다.
- 객체들의 연산 방법을 설명한 후 행렬의 연산 특히 곱셈과 역행렬에 대해 소개한다.

1. factor

최소제곱법으로 회귀분석을 할 때, 범주형 설명변수를 어떻게 사용하는지 기억하시나요? 각 범주에 속하면 1의 값을 주고 그렇지 않으면 0의 값을 주는 가변수(dummy variable) 혹은 지수변수(indicator variable)라고 불리는 것을 만든 후 오직 하나의 가변수를 빼고 다른 가변수를 모두 모형에 넣습니다. 결과가 나오면 계수를 해석하는데, 각 가변수에 붙은 계수가 그 가변수가 지칭하는 범주와 모형에서 빠진 범주 사이의 평균 차이를 보여주는 것입니다. factor는 이러한 상황에서 굳이 여러 개의 가변수를 만들 필요 없이 범주형 설명변수를 사용하도록 해주는 객체입니다. 따라서 factor는 범주형 변수를 매우 효율적으로 다루는 방법이며 나중에 통계 분석에 있어 매우 요긴하게 사용될 것입니다. 그래서 factor에 대해서 잘 알아둘 필요가 있습니다. 백문(百聞)이 불여일견(不如一見), 다음의 명령어를 실행해 보도록 하죠.

표 3-1 factor 만들기

```
> vec_on <- c("하나", "둘", "셋", "둘")
> vec_on
[1] "하나" "둘"  "셋"  "둘"
> vec_onf <- factor(vec_on)
> vec_onf
[1] 하나 둘  셋  둘
Levels: 둘 셋 하나
```

첫 번째 명령어로 문자 벡터를 만들었고 두 번째 명령어로 위에서 만든 문자 벡터를 보여주었습니다. 세 번째 명령어가 factor 벡터를 만드는 명령어인데, 이전 객체를 factor 객체로 변환시켜 새로운 이름을 주었습니다. 그리고 마지막에서 factor 객체를 보여준 것이구요. factor 객체를 문자 벡터와 비교해보면 큰따옴표가 제거되었다는 것과 [Levels]이라는 것을 보여준다는 점에서 차이를 보입니다.

무엇보다 우선 factor는 범주형 변수를 integer로 저장하는 객체라고 할 수 있습니다. factor는 자동으로 1부터 범주의 수만큼을 변숫값으로 할당하고 각 integer 값에 범주의 이름을 붙입니다. 위의 사례에서 사용되는 범주는 세 가지 [하나, 둘, 셋]입니다. 그래서 이 세 범주에 1, 2, 3의 값을 주어 factor 객체로 저장한 것입니다. 다만 어떤 범주에 1의 값을 주고 어떤 범주에 2의 값을 줄 것인지 결정할 필요가 있는데, 한글의 가나다 순으로 1부터 3의 값을 준 것입니다. [하나, 둘, 셋]을 가나다 순으로 정렬하면 [둘 셋 하나]가 되지요? 마지막 결과 중 [Levels]를 보면 [둘 셋 하나]라고 되어 있는데, 이를 표현하고 있습니다. 다시 말하면 [둘]은 1의 값을 가지고 있고, [셋]은 2의 값을 가지고 [하나]는 3의 값을 가지고 있습니다. 그런데 [vec_onf]의 실제 값을 보면 [3 1 2 1]이라고 되어 있지 않고 [하나 둘 셋 둘]이라고 되어 있는 것을 봅니다. 이는 [1 2 3]의 각 정숫값에 순서대로 [둘 셋 하나]의 이름을 주었기 때문입니다. 즉 범주에 숫자를 할당한 후 상응하는 숫자에 원래 범주의 문자를 사용하여 이름을 붙인 것이죠. 이런 까닭에 [하나 둘 셋 둘]이라는 이름에는 큰따옴표가 없습니다. 만약 이런 이름을 보지 않고 정수를 보고 싶다면 다음의 명령어를 실행해 보세요.

표 3-2 factor를 정수로 보기

```
> as.integer(vec_onf)
[1] 3 1 2 1
```

[as.integer()]라는 명령어를 사용하여 factor의 각 범주를 정수로 표시한 값들을 볼 수 있습니다. 혹은 정수로 표현된 새로운 변수를 만들고 싶다면 객체를 만드는 기호 [<-]를 사용하여 만들 수 있겠지요? 앞서 factor는 범주형 변수를 정수로 저장한 것이라고 했는데요, 그러면 factor의 각 요소는 어떤 유형일까요? [typeof()]라는 명령어로 확인할 수 있겠죠?

표 3-3 factor의 요소 형태 정수로 보기

```
> typeof(vec_onf)
[1] "integer"
```

네, [integer]로 되어 있네요. 어, 그럼 연산을 할 수 있을까요? 다음의 명령문을 실행해보죠.

표 3-4 factor의 덧셈

```
> vec_onf+vec_onf
[1] NA NA NA NA
Warning message:
In Ops.factor(vec_onf, vec_onf) : '+' not meaningful for factors
```

factor는 비록 정수로 변숫값을 저장해 놓지만, 사칙연산을 할 수는 없네요. 왜냐하면 궁극적으로 factor는 범주형 변수이고 범주형 변숫값으로 사칙연산을 한다는 것은 무의미하기 때문이죠.

factor 객체는 [Levels]가 있고 이들이 1부터 범주 개수만큼의 정숫값을 표현하기 때문에 어떤 객체가 factor라면 이를 확인하는 것이 중요합니다.

표 3-5 factor의 levels 확인

```
> levels(vec_onf)
[1] "둘"  "셋"  "하나"
```

위의 명령어 결과는 [둘]이라는 이름이 1의 값을, [셋]이라는 이름이 2의 값을, [하나]라는 이름이 3의 값을 가지고 있다는 것을 의미합니다.

위의 사례에서는 문자 벡터를 factor로 만들었지만, 굳이 문자 벡터만이 아니라 숫자 벡터도 factor로 만들 수 있습니다. 물론 factor를 만드는 논리는 앞에서 기술한 것과 같습니다. 다음의 명령어를 통해 이를 알아볼 수 있겠죠.

표 3-6 숫자 벡터의 factor 전환

```
> vec_n <- c(2, 1, 3, 2)
> vec_nf <- factor(vec_n)
> vec_nf
[1] 2 1 3 2
Levels: 1 2 3
```

숫자 벡터를 factor로 만들 이유가 있는가라는 의문이 들 분들이 있을 텐데요. 자료를 분석하다 보면 양적 변수로도 사용할 수 있고 범주형 변수로도 사용할 수 있는 변수들이 있습니다. 예를 들어 교육 수준을 초등학교 졸업 이하, 중학교 졸업, 고등학교 졸업, 대학교 졸업 이상이라고 만들고 각 값에 순서대로 1, 2, 3, 4의 값을 주는 경우를 많이 봅니다. 이런 경우 분석 자료를 보면 교육 수준이 1부터 4의 값을 갖게 됩니다. 이렇게 만들어진 교육 변수는 양적 변수로 사용해도 되고 범주형 변수로 사용해도 큰 무리는 없으므로 둘 사이를 왔다 갔다 할 수 있습니다. 그래서 한 번은 양적 변수로 사용해 보고, 한 번은 범주형 변수로 사용해 보는 것이죠.

물론 사회학 이론적인 측면에서 이 교육 변수를 설명 변수로 사용할 때는 범주형 변수로 먼저 사용한 다음 범주 간 효과가 일정한 경향을 보이면 양적 변수로 사용하는 것이 정석입니다. 예를 들어 1을 기준 범주로 정해 이 가변수를 분석에서 뺀 다음, 3을 지칭하는 가변수의 계수가 2를 지칭하는 가변수의 계수보다 2배 정도 되고 4를 지칭하는 가변수의 계수가 3을 지칭하는 가변수의 계수보다 2를 지칭하는 가변수의 계수만큼 클 때, 양적 변수로 사용하는 것이 옳습니다. 만약 이런 일정한 경향이 보이지 않는다면 범주형 변수로 사용하여, 범주 간 불연속적인 영향을 보고하는 것이 옳습니다.

2. data frame

앞서 우리는 다른 요소를 하나로 묶는 객체로 list를 언급했습니다. 이제 다른 요소를 묶는 객체로 data frame을 살펴보겠습니다. 앞으로 가장 많이 사용될 객체가 data frame이기 때문에 이에 대해 잘 이해할 필요가 있습니다. 우선 다음과 같은 명령어로 하나의 data frame을 만들어 보도록 하죠.

표 3-7 data frame 만들기

```
> dt <- data.frame(vec_on, vec_onf, vec_n, vec_nf)
> dt
  vec_on vec_onf vec_n vec_nf
1   하나    하나     2      2
2   둘      둘       1      1
3   셋      셋       3      3
4   둘      둘       2      2
```

data frame을 만드는 명령어는 [data.frame()]이라는 것이구요, 괄호 안에 묶고 싶은 요소들을 적어 넣습니다. 그러면 하나의 data frame이 만들어집니다. 우선 data frame을 구성한 각 벡터의 이름이, 행렬을 만들 때처럼 열 이름(column name)으로 들어가 있는 것을 봅니다. 따라서 [colnames()]라는 명령어를 사용하여 각 열의 이름을 확인할 수 있겠죠? 또한 한 열의 내용만을 보고 싶을 때는 [$] 연산자(operator)를 사용할 수 있어서, 예를 들어 [dt]라는 data frame의 세 번째 열만을 보고 싶다면 [〉 dt$vec_n]이라고 치시면 됩니다. 이 열을 보고자 할 때 이름을 사용하지 않는 방법은 무엇일까요? 행렬의 경우를 생각해보면 [〉 dt[,3]]라고 해도 되겠죠. 네, 그렇다는 것을 확인해 보세요. 또 다른 방법이 있는데요, 단순히 [〉 dt[3]]이라고 해 보세요. 사각형 괄호 안에 있는 것을 자동으로 열로 해석하게 됩니다.

다음과 같은 명령어를 실행해 볼까요?

표 3-8 문자 벡터의 data frame 전환 시 요소 특성

```
> typeof(dt$vec_on)
[1] "integer"
```

Oooooops. [dt$vec_on]에 있는 요소 유형이 integer라구요? 원래 [vec_on]은 문자 벡터라서 [> typeof(vec_on)]을 실행하면 [[1] "character"]인데, 이것이 data frame으로 바뀌면 특성이 달라진다구요?

요소의 유형을 알아보는 명령어가 [typeof()]라면, 각 객체의 종류를 알아보는 명령어는 [class()]라는 명령어입니다. [class]에는 우리가 다룰 범위 내에서 이야기하면 logical, integer, numeric, character, matrix, list, factor, data frame이 있습니다. 앞의 4개는 double이 numeric으로 바뀐 점을 제외하면 벡터의 특성을 표현하는 것과 같은 것을 볼 수 있습니다. 따라서 이런 네 개의 결과가 나오면 벡터라고 생각하면 되고 나머지는 우리가 배웠고, 지금 다루고 있는 객체를 보여주는 것이지요. 예를 들어 다음의 명령어를 실행해 볼까요?

표 3-9 data frame의 객체 확인

```
> class(vec_on)
[1] "character"
> class(vec_onf)
[1] "factor"
> class(dt)
[1] "data.frame"
> class(dt$vec_on)
[1] "factor"
```

첫 번째 명령문 실행에서 [vec_on]은 문자 벡터이기 때문에 [[1] "character"]라는 결과가 나왔습니다. 두 번째 명령문을 실행하니 [vec_onf]는 factor라는 것을 보여 주었습니다. 세 번째는 [dt]가 data frame이라는 것을 보여준 것입니다. 그런데 [dt$vec_on]은 factor라고 나오네요.

네, 그렇습니다. 문자 벡터를 data frame으로 바꾸어 주면 factor로 객체 유형이 변하게 됩니다. 달리 말하면 문자 벡터는 data frame의 한 부분으로 만들 때 factor로 바꾸게 된다는 것입니다. 이것도 일종의 coercion인 것입니다. 즉 객체의 유형을 data frame으로 바꾸면서 요소의 특성을 강제로 변환시킨 것이죠. 하지만 이렇게 변화시키면, 굳이 자료를 분석하면서 우리가 factor로 변화시켜줄 이유가 없으므로 별도의 작업을 하지 않아도 되는 장점이 있습니다. [class()]라는 명령어를 사용하여 다른 행의 객체 유형을 살펴보면 변하지 않았다는 것을 알 수 있습니다. 문자 벡터만 factor로 바꾸어 주고 다른 객체는 원래의 유형을 유지하는 것입니다.

3. 벡터 결합을 통한 data frame과 행렬 생성

data frame을 만들 때 주의해야 할 점 하나는 벡터의 크기가 같아야 한다는 것입니다. 예를 들어 하나의 벡터에 4개의 요소가 있고 다른 벡터는 3개의 요소를 가지고 있다면, 이 둘은 하나의 data frame으로 묶이지 않습니다. 다음의 명령어로 이를 살펴보죠.

표 3-10 크기가 다른 벡터의 data frame 묶음

```
> vec_n3 <- 1:3
> vec_n3
[1] 1 2 3
> dt2 <- data.frame(vec_n, vec_n3)
Error in data.frame(vec_n, vec_n3) :
arguments imply differing number of rows: 4, 3
> dt2
Error: object 'dt2' not found
```

첫 번째 명령문은 두 번째 명령문에서 보는 것처럼 숫자 벡터를 만드는데, 1부터 3까지의 값을 갖는 벡터를 만들라는 명령문입니다. 새로 만든 벡터는 세 개의 요소만을 가지고 있으므로 네 개의 요소를 가지고 있는 [vec_n]과 묶이지 않는 것을 볼 수 있습니다. 크기가 다른 두 벡터를 묶으려고 할 때 오류 표시가 뜨기도 하고, 만들고자 하는 data frame도 만들어지지 않은 것을 볼 수 있습니다.

하지만 예외가 있는데요, 하나의 벡터 크기가 다른 벡터 크기의 배수라면 작은 크기를 가진 벡터가 반복되어서 data frame이 만들어집니다.

표 3-11 배수의 크기를 가진 벡터의 data frame 묶음

```
> vec_n2 <- c(2,1)
> dt3 <- data.frame(vec_n, vec_n2)
> dt3
  vec_n vec_n2
1     2      2
2     1      1
3     3      2
4     2      1
```

위의 명령문을 보면 [vec_n]은 4개의 요소를, [vec_n2]는 2개의 요소를 가지고 있고 이를 data frame으로 묶으면 2개의 요소를 가진 [vec_n2]가 반복해서 들어가는 것을 볼 수 있습니다. 이를 R에서는 recycling이라고 합니다. R이 이런 기능을 가지고 있다는 것은 좋은 점도 있고 그렇지 않은 점도 있습니다. 예를 들어 같은 값을 반복해서 입력해야 할 때, 반복되는 값을 여러 번 입력하지 않고 한 번만 입력하면 된다는 점에서는 좋겠지만, 만들고자 하는 변수의 값을 실수로 적게 기재하면서 생기는 오류를 파악할 수 없게 된다는 점에서는 문제를 만들 수도 있습니다. 따라서 동일하지 않은 크기의 벡터들을 data frame으로 전환할 때는 주의하시기 바랍니다.

그렇다면 크기가 다른 벡터들을 행렬로 묶으면 어떻게 될까요? data frame과 같은 특성을 공유할 것으로 생각되죠? 그렇지 않은 점이 있다는 것을 다음의 명령어를 통해 알아보도록 하겠습니다.

표 3-12 벡터의 행렬 묶음

```
> mt1 <- cbind(vec_n, vec_n3)
Warning message:
In cbind(vec_n, vec_n3) :
number of rows of result is not a multiple of vector length (arg 2)
> mt1
     vec_n vec_n3
[1,]     2      1
[2,]     1      2
[3,]     3      3
[4,]     2      1
> mt2 <- cbind(vec_n, vec_n2)
> mt2
     vec_n vec_n2
[1,]     2      2
[2,]     1      1
[3,]     3      2
[4,]     2      1
```

첫 번째 명령문에서는 경고 표시를 보내고 있습니다. 그렇지만 두 번째 명령문을 실행하는 것에서 보듯, 행렬이 만들어지긴 했습니다. 처음의 요소가 반복이 되면서 즉 recycle되면서 만들어진 것이죠. 네, 이 지점에서 data frame과 행렬이 차이를 보이네요. data frame은 오류(error) 표시가 뜨고, 아예 만들어지지 않습니다. 행렬에서는 경고 표시(warning message)가 뜨지만, 크기가 작은 벡터의 요소가 순서대로 반복되면서 결합이 됩니다. 나머지 명령어를 실행한 것을 보면 한 벡터가 다른 벡터의 배수일 경우 data frame과 행렬 모두에서 크기가 작은 벡터가 반복되면서 아무런 문제없이 만들어지는 것을 볼 수 있습니다.

자, 그렇다면 벡터들을 결합할 때 각 벡터의 크기가 얼마나 되는지 먼저 알아내서 이런 문제들에 말려들지 않는 것이 중요하겠죠? 벡터의 크기를 아는 명령어는 [length()]입니다.

표 3-13 벡터의 크기 보기

```
> length(vec_n)
[1] 4
> length(vec_n3)
[1] 3
```

행렬과 data frame의 크기는 얼마나 많은 행과 얼마나 많은 열을 가졌는지 보면 알 수 있겠죠? 그것을 보는 명령어는 dimension의 약자인 [dim()]입니다.

표 3-14 행렬과 data frame의 크기 보기

```
> dim(dt)
[1] 4 4
> dim(dt3)
[1] 4 2
> dim(mt1)
[1] 4 2
```

이 결과에서 보는 것처럼 행의 수를 먼저 보여주고 열의 수를 나중에 보여주게 됩니다.
만약 [length()]라는 명령어를 행렬과 data frame에 적용하면 어떻게 될까요? 행렬의 경우 전체 요소의 수를 보여줍니다. 예컨대 4×3 행렬이면 12의 값을 보여준다는 것이죠. data frame의 경우는 열의 수만을 보여줍니다. 예컨대 4×3 행렬로 이루어진 data frame이라면 3으로 결과가 나온다는 것이죠. 이는 대괄호를 사용하여 특정 열의 내용을 볼 때 [,열 위치]로도 볼 수 있지만, 단순히 [열 위치]로 적었던 것과 같은 맥락으로 이해할 수 있습니다. 위에서 만든 객체들을 가지고 이러한 사항들을 확인해 보시기 바랍니다.
자, 이제 요소와 객체의 유형과 특성에 대한 논의가 끝났습니다. 이 논의는 모든 분석의 기초를 이루기 때문에 매우 중요하므로 여러 번 반복해서 읽고 꼭 숙지하도록 합시다.

4. 객체의 연산

처음 R을 배우면서 1+1=2라는 연산을 어떻게 할 수 있는지에 대해서 언급하였습니다. 이제 객체를 대상으로 연산을 어떻게 하는지에 대해 알아봅시다. 객체의 연산과 관련하여 R의 가장 기본적인 특성은 같은 위치에 있는 요소끼리 연산(element-wise operation)을 한다는 것입니다. 다음의 명령어를 실행하여 이를 살펴볼 수 있습니다.

표 3-15 행렬의 덧셈

```
> mt1
     vec_n vec_n3
[1,]     2      1
[2,]     1      2
[3,]     3      3
[4,]     2      1
> mt2
     vec_n vec_n2
[1,]     2      2
[2,]     1      1
[3,]     3      2
[4,]     2      1
> mt1+mt2
     vec_n vec_n3
[1,]     4      3
[2,]     2      3
[3,]     6      5
[4,]     4      2
```

위의 결과에서 흥미로운 점 중 하나는 덧셈을 한 행렬의 열 이름이 앞에 오는 행렬의 이름을 가지고 있다는 것입니다. data frame도 마찬가지의 연산을 한다는 것을 알 수 있습니다.

표 3-16 data frame의 덧셈

```
> dt3
  vec_n vec_n2
1     2      2
2     1      1
3     3      2
4     2      1
> data.frame(matrix(1:8, nrow=4, ncol=2))
  X1 X2
1  1  5
2  2  6
3  3  7
4  4  8
```

```
> dt3+data.frame(matrix(1:8, nrow=4, ncol=2))
  vec_n vec_n2
1     3      7
2     3      7
3     6      9
4     6      9
```

두 번째 명령어를 실행하면서 data frame을 임의로 만드는 것을 보셨습니다. 우선 [data.frame()] 명령어 안에 행렬을 만들라는 [matrix()] 명령어를 사용하여 행렬을 만든 후 이를 data frame으로 바꾼 것입니다. [matrix()]의 명령어를 살펴보면, [1:8]이라는 부분은 1부터 8까지의 숫자를 순서대로 사용하되, 행이 4개이고 열이 2개인 행렬을 만들라는 것입니다. 이때 주의할 것은 1부터 8이라는 숫자가 먼저 첫 번째 열에서 처음부터 끝 행까지 순서대로 채워지고, 다시 두 번째 행으로 넘어가서 순서대로 채워진다는 것입니다. 이때 열 이름이 [X]로 시작한다는 것도 눈여겨보세요. 사회통계 시간에 흔히 변수 이름을 X라고 설정했던 것을 기억하시나요? 그 이유로 data frame을 만들 때, 특정 이름을 적어주지 않으면 X를 사용하게 됩니다. 여하튼 마지막 명령어를 실행한 결과를 보면 각 요소의 위치에 따라 연산을 적용했다는 것을 알 수 있습니다.

그렇다면 크기가 다른 행렬 사이의 연산이나 data frame 사이의 연산은 어떻게 될까요? 예를 들어 4×2 행렬과 4×1 행렬을 더 하면 어떻게 될까요? 혹은 4×2 data frame과 4×1 data frame을 더하면? 4×1 행렬에서 두 번째 열의 요소가 없기에 모두 오류가 나야겠죠?

표 3-17 data frame의 덧셈

```
> mt1+matrix(vec_n)
Error in mt1 + matrix(vec_n) : non-conformable arrays
> dt3+data.frame(vec_n)
Error in Ops.data.frame(dt3, data.frame(vec_n)) :
  '+' only defined for equally-sized data frames
```

위 명령문 실행 결과를 보면 오류가 나는 것을 볼 수 있습니다. 첫 번째 명령어의 오류에서 그 이유를 "non-conformable arrays"라고 하고 있는데, "conformable"이란 동일한 행과 열의 수를 가진다는 의미이므로 두 행렬의 크기가 같지 않기 때문에 오류가 났다는 뜻으로 해석하면 됩니다. 여기서 [array]라는 것은 일종의 R 객체인데, 행렬을 보다 일반화한 것이라고 볼 수 있습니다. 행렬은 행과 열의 2차원으로 이루어져 있지만 [array]는 정의하는 수만큼의 차원을 갖는 객체입니다. 예를 들어 3차원의 array를 만들 수 있는데, 각 요소의 위치정보는 [a,b,c]로 나타낼 수 있겠죠? 이런 점에서 행렬이나 벡터는 array의 특수 형태라고 볼 수 있겠습니다. [array]에 대한 더 많은 정보는 googling해서 찾아 보세요.

여러분들은 모두 고등학교 때 행렬의 곱셈에 대해서 배웠을 것으로 생각됩니다. 행렬의 곱셈은 요소끼리의 곱셈과는 다르지 않았나요? 첫 번째 행렬과 두 번째 행렬의 i번째 행과 j번째 열에 있는 요소를 각각 a_{ij}와 b_{ij}라고 한다면, 곱을 통해 만들어지는 행렬의 i번째 행과 j번째 열에 있는 요소 c_{ij}는 다음과 같이 쓸 수 있습니다. $c_{ij} = \sum_{k=1}^{K} a_{ik} * b_{kj}$. 이때 K는 첫 번째 행렬의 열의 개수이며, 이는 두 번째 행렬의 행의 개수와 같아야 합니다. 이러한 행렬 연산을 하기 위해서 R에서는 [%*%]를 사용합니다. 단순 [*]는 요소끼리의 곱셈을 의미하고, 앞뒤에 [%]을 붙여 행렬의 연산을 하게 됩니다. 다음의 예를 볼까요?

표 3-18 행렬의 곱셈

```
> mt1
     vec_n vec_n3
[1,]     2      1
[2,]     1      2
[3,]     3      3
[4,]     2      1
> mt1 * mt1
     vec_n vec_n3
[1,]     4      1
[2,]     1      4
[3,]     9      9
[4,]     4      1
> t(mt1)
       [,1] [,2] [,3] [,4]
```

```
vec_n      2    1    3    2
vec_n3     1    2    3    1
> t(mt1) * mt1
Error in t(mt1) * mt1 : non-conformable arrays
> t(mt1) %*% mt1
       vec_n vec_n3
vec_n     18     15
vec_n3    15     15
```

첫 번째 명령문에서는 [mt1]이라는 행렬을 보여주었고, 두 번째 명령문에서는 [*]를 사용하여 요소끼리 곱한 것입니다. 첫 번째 행렬과 두 번째 행렬 모두 4×2행렬이기 때문에 요소끼리 곱하는 데 문제가 없습니다. 세 번째 명령어에서 [t()]는 transpose의 약자로 전치를 뜻합니다. 이는 i번째 행과 j번 째 열에 있는 요소를 j번째 행과 i번째 열에 있는 요소로 바꾸라는 뜻입니다. 따라서 [t(mt1)]을 실행하면 2×4 행렬이 만들어진 것을 볼 수 있습니다. 네 번째 명령문은 2×4 행렬과 4×2 행렬을 동일한 위치에 있는 요소끼리 곱하라는 명령어라 오류가 났습니다. 마지막 명령어가 우리가 고등학교에서 배운 행렬의 곱을 하는 명령어입니다. 이를 보면 2×4 행렬과 4×2 행렬을 곱해 2×2 행렬이 만들어진 것을 봅니다. 그리고 앞서 제시한 공식이 적용되었다는 것을 알 수 있죠. 예를 들어 곱을 통해 만들어진 행렬의 첫 번째 행과 첫 번째 열의 요소는 다음과 같이 만들어졌습니다: 2×2+1×1+3×3+2×2=18.

data frame의 곱셈도 이와 같다고 할 수 있을까요? 그렇지 않은 경우들이 있으나, 아니라고 알아두죠. 앞서 본 것처럼 동일한 위치에 있는 요소끼리의 곱은 행렬과 같습니다. 하지만 일반적으로 말해 data frame에는 [%*%]을 적용할 수 없다고 알아두죠. 이 연산자는 행렬을 위한 것이니까요. 예를 들어 다음의 명령문을 실행해 볼까요?

표 3-19 data frame의 곱셈

```
> t(dt3) %*% dt3
Error in t(dt3) %*% dt3 :
requires numeric/complex matrix/vector arguments
```

네, 오류 표시가 나타나네요. 오류 표시와 함께 그 이유를 설명하고 있는데, 행렬 사이의 곱을 실행하는 [%*%] 명령어는 행렬이나 벡터에 사용할 수 있다고 되어 있습니다. 벡터는 행이나 열이 하나인 행렬로 이해할 수 있습니다. 다시 말해 $r\times1$ 혹은 $1\times c$행렬로 이해할 수 있으므로 행렬에 속하는 것이라서 벡터끼리 혹은 행렬과 벡터를 곱할 때도 이 기호를 사용할 수 있는 것입니다.

행렬에도 나눗셈이 있나요? 행렬에 있어 나눗셈은 없고 대신 역행렬이 있죠? 여러분의 기억을 되살리자면 A라는 행렬의 역행렬 A^{-1}은 다음과 같은 특성이 있어야 합니다. $A\times A^{-1}=A^{-1}\times A=I$. 즉 앞으로 곱해도 뒤로 곱해도, 다른 모든 요소는 0이면서 대각선에는 1의 값을 갖는 단위행렬(identity matrix)이 나와야 합니다. R에서는 [solve()]라는 명령어를 통해 역행렬을 구합니다. 이를 다음의 몇몇 명령어로 확인해 봅시다.

표 3-20 역행렬

```
> mt4 <- matrix(1:4, nrow=2, ncol=2)
> imt4 <- solve(mt4)
> imt4
     [,1] [,2]
[1,]   -2  1.5
[2,]    1 -0.5
> mt4 %*% imt4
     [,1] [,2]
[1,]    1    0
[2,]    0    1
> imt4 %*% mt4
     [,1] [,2]
[1,]    1    0
[2,]    0    1
```

첫 번째 명령어로 $\begin{pmatrix}1&3\\2&4\end{pmatrix}$의 값을 갖는 행렬 [mt4]를 만들었습니다. 다음 명령어에서 [mt4]의 역행렬을 구해 이름을 [imt4]라고 지었습니다. 그 값을 보니 $\begin{pmatrix}-2&1.5\\1&-0.5\end{pmatrix}$입니다. 그 뒤의 두 명령문에서 원래 행렬의 앞 또는 뒤에 역행렬을 곱해주었더니 단위행렬이 나온다는 것을 보여주었습니다.

굳이 사회통계학에서 행렬을 배울 이유가 있을까요? 행렬을 알면 매우 복잡해 보이는 것도 간단하게 나타낼 수 있게 됩니다. 통계에서 가장 많이 사용하는 회귀분석인 최소제곱법

(least squares method)을 예로 들어 봅시다. 우선 종속변수는 하나니까 하나의 벡터 y라고 하고, 설명변수는 여럿이니까 행렬 X라고 합시다. X는 각 열이 하나의 변수를 담고 있는 것입니다. 그리고 y나 X의 각 행은 동일한 사례의 변숫값을 담고 있는 것이구요. 이 경우 최소제곱법의 회귀계수는 $(X^TX)^{-1}X^Ty$로 구할 수 있는데 여기서 위첨자 T와 -1은 각각 전치행렬과 역행렬을 의미합니다. 또한 각 계수의 분산은 $(X^TX)^{-1}\sigma^2$의 대각선에 있는 값들입니다. 이때 σ^2는 잔차의 제곱을 $n-p$ 즉 사례 수에서 모수의 수만큼 빼준 후 얻는 수로 나누어 준 것과 같습니다. 따라서 이들 값에 제곱근을 취해 표준오차로 사용하고 계수와 표준오차가 있으니, t값을 구하고 계수가 0이라는 영가설을 검정하게 됩니다. 어떤가요? 회귀계수와 그 분산을 저렇게 매우 간단한 행렬로 나타낼 수 있다는 것이 놀랍지 않나요?

R에서 회귀분석에 관한 책은 『Practical regression and anova in R』이고 이 부분을 배울 때 이 책을 많이 사용할 것입니다. 물론 이 책은 인터넷에서 쉽게 다운로드받을 수 있습니다. Google 신에게 의뢰해 보세요.

네 번째 주 week 4

반복실행과 객체 결합 및 변환

- 컴퓨터 프로그래밍의 핵심 개념인 반복실행(loop)을 배운다.
- 두 개의 자료를 열(column)로 합쳐 wide form으로 만들거나, 행(row)으로 합쳐 long form으로 만드는 방법을 살펴본다.
- 한 형태에서 다른 형태로 변환시키는 방법을 논의한다.

1. 반복실행(loop)

R을 활용하여 1부터 100까지 더해야 한다고 생각해 봅시다. 그럼 1+2+3~99+100을 해야 하는데, 이를 하나하나 쓰려면 많은 시간과 명령어 공간이 소비되겠죠? 그렇다면 이런 계산을 쉽게 할 방법이 없을까요? 한 가지 방법은 Gauss가 제안한 공식을 사용하는 것입니다. 즉 $\sum_{i=1}^{n} i = \frac{n(n+1)}{2}$라는 공식을 적용하는 것입니다. 컴퓨터 프로그램을 짤 때, 다른 하나의 방법은 반복실행(loop)을 하는 명령어를 짜는 것입니다. 반복실행은 어떤 특정한 규칙을 가지고 반복된 일을 할 때 매우 유용하게 사용할 수 있습니다.

매년 동일한 응답자에게 질문해서 자료를 수집하는 종단 자료를 분석하다 보면 임금이라는 변수가 wage01, wage02, wage03 등과 같이 wage라는 이름은 동일하지만 01, 02, 03과 같이 측정 연도는 다른 이름을 가지고 반복됩니다. 또한 각 연도의 자료는 예를 들어 klips01, klips02, klips03과 같은 이름을 가지고 있습니다. 반복실행의 원리를 이해하면 이들 자료에 들어 있는 여러 연도의 임금 변수를 하나의 자료로 묶는 작업을 매우 간단하게 처리할 수 있습니다. 자료 이름과 변수 이름의 끝만 01, 02, 03으로 규칙적으로 변한다는 점에 착안하여,

동일한 작업 즉 klips에서 wage 변수를 빼내는 작업을 계속하면 되기 때문입니다. 반복실행을 활용하여 이 작업을 수행하면 몇 줄로 명령어를 처리할 수 있지만, 하나하나 다 쓰게 되면 결합해야 할 조사연도 차수가 많아질수록 그 일이 급격히 늘어날 것입니다.

그러므로 반복실행의 기본적인 논리를 이해하고, 특정한 상황에 적용할 수 있는 능력을 키우는 것이 컴퓨터 프로그래밍에서 매우 중요합니다. 서론이 길었지만 이제 반복실행의 용례를 살펴보면서 이것이 무엇인지 이해해 볼까요? 우선 위에서 언급한 1에서 100까지의 수를 더하는 프로그램은 다음과 같습니다. 다음의 명령어들을 편집장에 적어 넣고 한 번에 실행해 보시기 바랍니다.

표 4-1 1부터 100까지 더하는 반복실행

```
res <- 0
for (i in 1:100)  {
    res <- res + i
}
res
```

위의 명령어를 실행하면 마지막 [> res]의 결과가 [[1] 5050]인 것을 봅니다. 가우스의 공식에 대입했을 때, 1부터 100까지 더하면 5,050 인가요? 네, 그렇습니다. 이렇게 프로그램하는 것이 옳은 것이군요.

위의 명령문은 다음과 같이 이해할 수 있습니다. 첫 번째 명령문은 [res]라는 객체에 0의 값을 주라는 뜻입니다. 두 번째 줄에 있는 명령어가 반복실행을 하는 기본적인 명령어입니다. 즉 [i]라는 객체가 다음에 나올 중괄호 { } 안에서 1부터 100까지의 값을 가지면서 반복적으로 실행하라는 뜻입니다. 여기서는 [for]라는 단어로 반복실행이 이루어지기 때문에, 이러한 반복실행을 흔히 [for loop]이라고 부릅니다. 또한 [i]는 1부터 100의 값을 가지게 될 객체의 이름으로, 여러분이 사용하고 싶은 이름 아무것이나 사용해도 됩니다. 하지만 통상 프로그래밍에서는 i, j, k의 순서로 사용하기 때문에 그 용례를 따른 것입니다. 반복실행에서 가장 중요한 부분은 중괄호로 싸여 있는 부분입니다. 반복실행은 기본적으로 괄호 안에 있는 내용을 시행하되, 다만 [i]의 값이 순서대로 변하면서 시행하라는 것입니다. 그러므로 맨 처음 [i]는 1의 값을 갖습니다. 그러면 세 번째줄에 있는 명령어에 의해 [<-] 표시의 왼쪽에 있는 [res]는

0+1로 1의 값을 갖겠죠? 왜냐하면 오른쪽에 있는 [res]는 첫 번째 명령어로 인해 0의 값을 갖고 [i]는 1의 값을 갖기 때문입니다.

이제 중괄호 닫기 표시(})를 만나면 중괄호 열기 표시({)가 있는 곳으로 올라갑니다. 다시 아래로 내려오면서 명령어가 시행되지만, 이제 [i]는 2의 값을 갖게 됩니다. 그러면 세 번째줄 명령어에 의해서 [<-]표시 왼쪽에 있는 [res]는 이전 시행의 결과를 괄호 안에 넣으면 (0+1)+2가 됩니다. 닫힌 괄호를 만나면 열린 괄호로 올라가고, [i]는 이제 3의 값을 갖게 됩니다. 내려오면서 [res]는 (0+1+2)+3의 값을 갖게 됩니다. 이렇게 반복적으로 시행되어서 [i]가 100의 값을 가지면 [res]는 0+1+2~99+100의 값을 갖고 괄호를 빠져나옵니다. 왜냐하면 두 번째 줄 명령어에서 [i]는 1부터 100까지만 변하라고 지시했기 때문입니다. 그래서 마지막 명령어에서 보여준 [res]의 값은 1부터 100까지 더한 결과를 담고 있는 것이죠.

반복실행의 기본적인 논리를 이해했다면 조금 더 나아가 이를 통제하는 몇몇 명령어를 배워보도록 합시다. 우선 1부터 100을 더하되, 70에서 80까지는 더하지 않는 명령문은 어떻게 만들까요? 다시 말해 $\sum_{i=1}^{100} i - \sum_{i=70}^{80} i = \sum_{i=1}^{100} i - \left(\sum_{i=1}^{80} i - \sum_{i=1}^{69} i\right)$ 이러한 결과를 구하고 싶습니다. 그러면 첫 번째 식을 사용하는 반복실행을 만들 수 있고, 두 번째 식을 사용하는 명령어를 만들 수도 있습니다. 우선 첫 번째 식을 사용하는 명령어를 제시해 보면 다음과 같습니다.

표 4-2 1부터 100까지 더하되 70에서 80은 더하지 않는 반복실행

```
res1 <- 0
for (i in 1:100) {
    res1 <- res1 + i
}

res2 <- 0
for (i in 70:80) {
    res2 <- res2 + i
}

res1-res2
```

위의 명령어들은 두 개의 반복실행으로 이루어져 있어, 처음에는 1부터 100까지 더하고 두 번째는 70부터 80까지 더해, 앞의 결과에서 뒤의 결과를 빼고 있습니다. 여기에서 새로운 것

이라고는 두 개의 반복실행을 만들었다는 것과 두 번째 반복실행에서 [i]라고 하는 것이 70부터 시작해도 된다는 것뿐입니다. 이렇듯 반복실행은 임의적인 숫자에서 시작해서 임의적인 숫자에서 끝날 수 있습니다.

위의 명령어를 보고 앞의 식 중 두 번째 것을 사용하는 명령어는 매우 쉽게 만들 수 있으므로 여기서 따로 적지는 않겠습니다. 다만 이 경우 세 개의 반복실행을 만들어야 한다는 것과 각 반복실행이 시작하는 숫자와 끝나는 숫자가 다르다는 점만을 언급하고자 합니다. 여러분들이 스스로 만들어 본 후 위의 결과와 같은 결과가 나오는지를 비교하여 자신의 프로그램이 옳은지 그렇지 않은지 확인하세요.

여기서 한 가지 언급하고 넘어가야 할 것은 [i]라는 객체에 대한 것입니다. 앞서 말씀드린 것처럼 [i]는 반복실행 안에서 그 값이 변하는 객체입니다. 그렇다면 반복실행이 끝나면 이 값은 어떻게 될까요? R에서는 반복실행의 마지막 값을 갖는 객체로 남아있게 됩니다. 예를 들어 두 개의 반복실행이 있는 위 사례에서 그 중간에 [i] 값을 보여주도록 한다면 100의 값을 가진 것을 볼 수 있습니다. 하지만 두 번째 반복실행에서는 다시 70부터 시작하는 값을 갖도록 만들었기 때문에 그 안에서는 70부터 순서대로 80까지의 값을 갖게 됩니다. 그렇다면 두 번째 반복실행이 끝나면 [i]는 어떤 값을 갖고 있을까요? 그렇죠, 80의 값을 갖고 있을 겁니다. 지금 R 콘솔에 [> i]라는 명령어를 실행하면 80이라는 결과를 보여줄 것입니다.

여러 개의 반복실행을 만드는 위의 명령어보다 더 좋은 명령어는 다음과 같습니다.

표 4-3 1부터 100까지 더하되 70에서 80은 더하지 않는, 조건부 반복실행

```
res <- 0
for (i in 1:100) {
    if (i>=70 & i<=80) next
    res <- res + i
}
res
```

위의 명령문을 보면 세 번째 줄에 새로운 명령문을 넣었습니다. 이 명령문을 해석해 보면, [if] 구절은 "[i]가 70보다 크거나 같고 80보다는 작거나 같을 때" 달리 말하면 "70과 80 사이일 때"라는 뜻이고 [next]는 "아래에 있는 명령문은 건너뛰고 중괄호가 열려 있는 곳으로 올라가

서 다시 시작"하라는 뜻입니다. 흔히 [if]는 [else]와 짝을 이뤄 [if] 조건문에 맞지 않으면 [else] 이후에 있는 명령문을 수행하게 되는데, 이 예에서는 굳이 [else]를 쓰지 않아도 되었기 때문에 사용하지 않았습니다. [if]와 [else] 다음에는 여러 명령문이 오는 경우들이 많으므로 이들 명령문은 중괄호({ })로 감싸 안아줍니다. 하지만 여기서는 단 하나의 명령문만이 있어서 중괄호를 사용하지 않았습니다. 그래서 위의 명령어는 다음과 같은 명령어를 간단하게 만든 것입니다.

표 4-4 1부터 100까지 더하되 70에서 80은 더하지 않는, 조건부 반복실행

```
res <- 0
for (i in 1:100) {
    if (i>=70 & i<=80) {
        next
    }
    else {
        res <- res + i
    }
}
res
```

위의 명령문에서 [if] 조건문에 [>=]를 사용하여 "크거나 같다"는 표시를 하고, [<=]를 사용하여 "적거나 같다"는 표시를 한 것을 눈여겨보세요. 또한 [&]를 사용하여 "그리고"라는 표시를 했습니다. 이러한 표시들을 흔히 논리 연산자(logical operator)라고 하는데, "보다 크다"는 [>]를, "보다 작다"는 [<]를, "같다"는 [==]를, "같지 않다"는 [!=]를 사용하여 나타냅니다. "또는"이라는 표시는 [|], 즉 한 개의 막대를 사용하여 나타냅니다. 예를 들어 [educ] 변수에서 ["고등학교"가 아니거나 "중학교"가 아니면]이라는 조건문은 [if (educ!="고등학교" | educ!="중학교")]라고 쓸 수 있습니다. Google에서 R logical operators라고 검색하여 논리 연산자에 대해 더 알아보세요.

지금까지와는 약간 다른 문제를 생각해 봅시다. 반복실행을 이용하여, 1부터 숫자를 더해 그 합이 1,000보다 크게 되는 첫 번째 수를 구하는 명령어를 만들 수 있나요? 즉 $\sum_{i=1}^{n} i > 1,000$이 되는 숫자 n을 구하고자 합니다. 이런 것은 어떻게 프로그램할 수 있을까요? 다음의 명령어를 실행해 봅시다.

표 4-5 [for loop]으로 합이 1,000이 넘는 첫 번째 수 구하기

```
res <- 0
for (i in 1:100) {
    res <- res + i
    if (res>1000) break
}
i
```

이를 실행해 보면 마지막 명령문에서 [i]의 값은 45가 나옵니다. 즉 1부터 44까지 더하면 1,000보다 작거나 같지만, 45까지 더하면 1,000보다 커지게 된다는 것이죠. 실제 그런지 한 번 확인해 보세요. 위의 명령문에서 새로운 것은 네 번째 줄에 있는 [break]라는 명령어입니다. 이는 반복실행을 그만하고 중괄호 밖으로 나가라는 뜻입니다. 그래서 반복실행을 하다 [if] 조건문이 충족되었을 때, 반복실행을 그만두고 중괄호 밖으로 나갔고 마지막 명령어에 의해 [i]의 값을 보여준 것입니다.

위의 명령문은 1부터 더했을 때 1,000보다 커지는 어떤 수가 100 이전에 있다는 것을 안 상태에서 만든 것입니다. 만약 이런 사전 지식이 없다면 어떻게 만들어야 할까요? 이런 경우 [for loop]를 쓰기보다는 [repeat]를 쓰는 것이 정석입니다. 다음과 같이 말이죠.

표 4-6 [repeat loop]으로 합이 1,000이 넘는 첫 번째 수 구하기

```
res <- 0
i <- 0
repeat {
    i = i + 1
    res <- res + i
    if (res>1000) break
}
i
```

여기에서는 우선 반복실행하기 전에 [i]의 초깃값을 0으로 설정했습니다. [repeat] 명령어를 통해 중괄호 안의 명령어를 반복해서 실행하는 것이고, 네 번째 줄에서 [i = i + 1]이라는 명령어로 [i]의 값이 반복되면서 1씩 증가하도록 했습니다. [repeat]을 이용한 반복실행은 그 자체

로 [i]가 어떤 값을 가지면 변하라는 지시가 없어서 네 번째 줄과 같은 명령어를 이용하여 [i]의 값을 변화시켜 주는 것입니다. 이렇듯 [for] 반복실행과 [repeat] 반복실행은 반복실행 안에서 변하는 값을 특정하게 줄 것인지 아니면 그런 값을 주지 않을 것인지에 따라 달라진다고 할 수 있습니다. 나머지 명령어 부분은 새로운 것이 아니므로 구체적으로 설명하지 않겠습니다.

여기서 퀴즈 하나를 내면, 위의 명령어에서 네 번째 줄 명령어를 [if] 구문과 중괄호 닫기 표시 사이로 옮기면, 결과로 나오는 [i] 값은 얼마일까요? 또 하나의 퀴즈를 내면, 두 번째 줄 명령어에서 [i]가 0의 값을 갖는 것이 아니라 1의 값을 갖도록 만든다면 아래의 반복실행 명령 구문은 어떻게 달라져야 할까요? 이러한 질문들은 반복실행을 하거나 프로그래밍을 할 때 명령어의 순서가 중요하다는 것을 알려줍니다. 여러분들도 고등학교 때 수학 시간에 순서도를 배웠을 겁니다. 아닌가요? 배웠다면 컴퓨터 프로그램을 하는 과정에서 순서도의 유용성을 이미 깨닫게 되었거나, 앞으로 깨닫게 될 것입니다.

2. [merge]를 사용하여 두 자료를 열로 합치기

두 자료를 합하는 명령어 중 하나로 [merge]라는 명령어를 알아봅시다. 1998년과 1999년의 임금에 관한 다음과 같은 자료가 있다고 가정해 보죠.

표 4-7 1998년 임금 자료

pid	wage1998
1	0
2	2
3	1

표 4-8 1999년 임금 자료

pid	wage1999
1	1
2	1
3	2

위의 자료에서 [pid]는 개인의 고유번호이고 앞의 표는 1998년의 임금을, 뒤의 표는 1999년의 임금을 보여주고 있습니다. 이제 [pid]라고 하는 고유번호를 활용하여 이 두 자료를 합쳐 다음과 같은 자료를 만들고자 합니다.

표 4-9 열로 합친 결과

pid	wage1998	wage1999
1	0	1
2	2	1
3	1	2

이렇게 만들기 위해서 [merge]라는 명령어를 활용합니다. 우선 자료를 만드는 명령어를 적어 보겠습니다.

표 4-10 두 개 연도 임금 자료 만들기

```
wg1998 <- data.frame(matrix(c(1,2,3,0,2,1), nrow=3))
names(wg1998) <- c("pid", "wage1998")

wg1999 <- data.frame(matrix(c(1,2,3,1,1,2), nrow=3))
names(wg1999) <- c("pid", "wage1999")
```

[> wg1998]과 [> wg1999]를 이용하여 각 자료가 위의 형태로 만들어졌다는 것을 확인하세요. 이제 [merge] 명령어로 두 자료를 열로 합치는 방법은 다음과 같습니다.

표 4-11 [merge]로 합치기

```
> mg1 <- merge(wg1998, wg1999, by="pid")
> mg1
  pid wage1998 wage1999
1  1        0        1
2  2        2        1
3  3        1        2
```

위의 결과를 보면 원래 의도했던 방식대로 자료가 합쳐졌다는 것을 알 수 있습니다. [merge] 명령어의 첫 두 부분에는 합치고자 하는 자료의 이름이 들어갑니다. 그러므로 만약 셋 이상의 자료를 합치고자 한다면 [merge]를 여러 번 반복해야 한다는 것을 알아둡시다. 그리고

[by=]라는 부분에는 두 자료에서 공통으로 들어가 있는 고유번호의 이름을 적어 넣습니다. 이런 기본적인 활용에 더해 몇 가지 변화를 살펴보도록 합시다. 우선 고유번호를 나타내기 위해 하나의 변수가 아니라 둘 이상의 변수가 필요하다면 [by=c("var1", "var2")]를 사용하면 됩니다. 예를 들어 종단 자료를 만들면 개인식별번호("pid")에 더해 각 조사 년 수를 나타내는 변수("wave")를 활용해 특정 연도의 정보를 가져오고자 할 때가 있습니다. 이 경우 [by=c("pid", "wave")]로 사용하면 됩니다.

만약 한 자료에는 사례가 있으나 다른 자료에는 그 사례가 없다면 어떻게 될까요? 예를 들어 위의 [wg1999] 자료에서 마지막 사례가 없었다면 어떻게 될까요? 다음의 명령어로 확인해 보죠.

표 4-12 다른 사례를 가질 때 행 합치기

```
> swg1999 <- wg1999[wg1999$pid!=3,]
> swg1999
  pid wage1999
1   1        1
2   2        1
> mg2 <- merge(wg1998, swg1999, by="pid")
> mg2
  pid wage1998 wage1999
1   1        0        1
2   2        2        1
```

처음의 명령어는 [wg1999]에서 [pid] 변수가 3이 아닌 사례들을 뽑아내는 명령어를 보여주고 있습니다. 이를 흔히 하위집단 고르기(subsetting)라고 하는데요, 특정 조건에 맞는 사례들을 뽑아내는 한 가지 방법입니다. 이를 자세히 보면 data frame의 위치를 나타내는 두 곳 즉 행 위치와 열 위치 중 행에 조건을 붙였고 열은 빈 곳으로 비워두었다는 것이 눈에 띕니다. 이런 방식으로 특정 조건에 맞는 사례들을 뽑는다는 것을 알아둡시다. 두 번째 명령문에서는 이런 선택 작업이 잘 되었다는 것을 확인하고 있습니다. 세 번째 명령문으로 동일하지 않은 고유번호를 가지고 있는 사례들을 열로 합쳤더니 마지막 명령문에서 보듯 연결되지 않는 사례는 없어지는군요. 만약 두 자료에서 짝이 없는 사례들도 포함해서 새로운 자료를 만들고 싶다면, 다음과 같이 [all=TRUE]라는 옵션을 줍니다.

표 4-13 [merge]에서 [all=TRUE] 옵션의 용례

```
> mg3 <- merge(wg1998, swg1999, by="pid", all=TRUE)
> mg3
  pid wage1998 wage1999
1   1        0        1
2   2        2        1
3   3        1       NA
```

[pid]가 3인 사례는 [wage1999] 값이 없었기 때문에 NA(not available) 값을 갖는 것을 볼 수 있습니다. 즉 결측값(missing value)이라는 의미입니다.

자료를 연결하는 변수의 값이 동일한 관찰치가 있다면 어떻게 될까요? 예컨대 [wg1999]의 세 번째 사례는 [pid]가 2인 사례의 두 번째 직업의 임금이라면 어떻게 될까요? 다음의 명령어를 통해 이를 확인해 봅시다.

표 4-14 동일한 고유번호를 가진 사례가 있을 때 [merge]

```
> mwg1999 <- wg1999
> mwg1999$pid[mwg1999$pid==3] <- 2
> mwg1999
  pid wage1999
1   1        1
2   2        1
3   2        2
> mg4 <- merge(wg1998, mwg1999, by="pid", all=TRUE)
> mg4
  pid wage1998 wage1999
1   1        0        1
2   2        2        1
3   2        2        2
4   3        1       NA
```

위의 명령문에서 두 번째 명령어에 주목해야 하는데, 이는 자료의 변숫값을 바꾸는 방법을 보여주기 때문입니다. 일단 바꾸고자 하는 값의 위치를 특정하고, 그 위치에 어떤 값을 주라고 하면 그 조건에 맞는 사례들의 변숫값은 바꾸고자 하는 값으로 변환되는 것을 볼 수 있습니다. 네 번째 명령어에서 두 자료를 열로 합쳤더니 동일한 [pid]를 가진 사례들은 모두 남아

있는 것을 볼 수 있습니다.

3. [rbind]를 사용하여 두 자료를 행으로 합치기

앞서 열로 두 자료를 합쳤다면 이제 행으로 합치는 명령어를 살펴보도록 합시다. 다시 말해 [wg1998]과 [wg1999]를 열로 붙여 다음과 같은 자료를 만들고 싶습니다.

표 4-15 행으로 합친 결과

pid	wage	year
1	0	1998
1	1	1999
2	2	1998
2	1	1999
3	1	1998
3	2	1999

사실 이런 작업을 할 수 있는 명령어는 이미 배웠습니다. 무엇인가요? 네, 그렇습니다. 여러 벡터를 하나의 행렬로 만들고자 사용했던 명령어 중 하나인 [rbind]라는 명령어가 기억나시나요? 위에서 행으로 합친 결과를 보면 [year]라는 변수가 새로 있고 [pid]와 [year]에 의해 정렬되어(sort) 있을 뿐 [rbind]라는 명령어를 사용해서 쉽게 만들 수 있다는 것을 눈치챘을 것으로 봅니다. 자, 그럼 이 작업을 해 볼까요?

표 4-16 행으로 합치기

```
> wg1998$year <- 1998
> wg1999$year <- 1999
> rbl <- rbind(wg1998, wg1999)
Error in match.names(clabs, names(xi)) :
  names do not match previous names
```

첫 번째와 두 번째 명령어에서 각 연도를 뜻하는 [year]라는 변수를 만들었습니다. 어, 마지막에서 [rbind]라는 명령어로 두 자료를 행으로 합치려고 했는데, 오류가 났네요. 왜 오류가 났는지를 보면, "이름이 일치하지 않는다"고 하는군요. 네, 그렇습니다. 여러분이 [names]라는 명령어로 두 자료의 변수 이름을 살펴보면, 1998년 자료의 임금 변수 이름은 [wg1998]인 반면, 1999년 자료의 임금 변수 이름은 [wg1999]로 다른 것을 알 수 있습니다. [rbind]는 다른 이름을 가진 행들이 있을 때 작동하지 않기 때문에 위와 같이 오류가 납니다. 그럼 해당 변수의 이름을 바꿔준 후 [rbind]를 사용해 보도록 합시다.

표 4-17 행으로 합치기

```
> names(wg1998)[names(wg1998)=="wage1998"] <- "wage"
> names(wg1999)[names(wg1999)=="wage1999"] <- "wage"
> rb1 <- rbind(wg1998, wg1999)
> rb1
  pid wage year
1   1    0 1998
2   2    2 1998
3   3    1 1998
4   1    1 1999
5   2    1 1999
6   3    2 1999
```

위의 명령어에서 첫 두 줄을 보면 변수의 이름을 바꾸는 방법이 있습니다. [wg1998]이라는 자료에서 [wage1998]이라는 변수가 두 번째 행에 있는지 알기 때문에, 더 쉽게, [names(wg1998)[2] <- "wage"]라는 명령어를 사용하여 이름을 바꾸었을 수도 있었습니다. 하지만 특정 변수가 몇 번째에 위치하는지 아는 경우가 많지 않고, 자료를 만들면서 사용하는 변수들의 수가 그때그때 달라지기 때문에, 보다 일반적으로 사용할 수 있는 명령문을 만들었습니다. 즉 [2] 대신 [names(wg1998)=="wage1998"]라는 표현으로 위치정보를 얻은 것입니다. 이는 [wg1998]의 변수 이름이 "wage1998"에 해당하는 위치가 어디인지를 얻을 방법이라고 생각하시면 됩니다. [> names(wg1998)=="wage"]라는 명령어를 실행하여 어떤 결과가 나타나는지 살펴보세요.

이제 [rbind]는 아무런 문제없이 실행되었습니다. 다만 [wg1998] 밑에 [wg1999]를 행으로 합쳤으니 당연한 결과지만, 마지막에 보면 [pid]와 [year]로 정렬된 것이 아니라 [year]와 [pid]로 정렬되어 있군요. 이를 다시 정렬하여 앞의 〈표 4-15〉와 같은 모습으로 만들어 보겠습니다.

표 4-18 **정렬하기**

```
> rb2 <- rb1[order(rb1$pid, rb1$year),]
> rb2
  pid wage year
1   1    0 1998
4   1    1 1999
2   2    2 1998
5   2    1 1999
3   3    1 1998
6   3    2 1999
```

[order]라는 명령어를 통해 정렬하는 방법을 보여주고 있습니다. [〉 ?order]라는 명령어를 실행하여 [order]에 관한 문서를 보세요. 특히 옵션 설정 중 기본 설정이 [decreasing = FALSE]로 되어 있는 것이 있는데, 이것이 무엇을 뜻하는지 연습을 통해 알아보시기 바랍니다.

[order]를 사용하여 정렬한 결과를 보면, 맨 왼쪽에 있는 행의 이름들이 뒤엉켜 있는 것을 봅니다. 이를 자세히 살펴보면 행의 이름은 정렬하기 이전의 행 위치를 그대로 보여주고 있습니다. 이는 정렬하기 이전으로 쉽게 돌아가기 위한 좋은 방법입니다. 즉 [〉 rb3 〈- rb2[order(rownames(rb2)),]]라는 명령어를 사용하여 [rb3]를 만든 후 이를 살펴보면 정렬 이전 결과로 돌아간 것을 볼 수 있습니다. 하지만 이런 행 이름들이 때로는 쓸모없어서 첫 행부터 순서대로 값을 다시 주고 싶을 때가 많습니다. 이런 경우 [〉 rownames(rb2) 〈- NULL]이라는 명령어를 실행한 후 다시 [rb2]를 보면 행 이름들이 1부터 한 단위씩 증가하는 것을 볼 수 있습니다.

4. [cbind]를 사용하여 두 자료를 합치기

[rbind]를 다시 공부하니 그와 유사한 [cbind]라는 명령어가 기억나실 겁니다. 여러 벡터를

하나의 행렬로 만들 때 [rbind]는 행으로 묶는 것이고 [cbind]는 열로 묶는 것이라는 점을 살펴보았습니다. 앞서 두 data frame 자료를 열로 묶는 명령어로 [merge]를 살펴보았습니다. 그렇다면 [cbind]와 [merge]의 차이는 무엇일까요? 간단히 말하자면, 이미 언급한 것처럼 [merge]는 두 자료를 묶어주는 공통된 변수가 있어 동일한 변숫값을 가지고 있는 것끼리 연결해주는 반면, [cbind]는 단순히 병렬적으로 두 자료를 묶어주는 것입니다.

예를 들어 애초의 1998년 및 1999년 임금 자료를 [pid] 변수를 사용하여 [merge]를 하면 동일한 [pid]를 가진 두 연도의 값을 연결해 줍니다. 하지만 [cbind]는 두 자료에 공통으로 들어있는 변수가 필요 없으며, 하나의 자료 오른쪽에 다른 자료를 덧붙이는 것과 같은 효과를 가지고 있습니다. 이를 살펴보기 위해 다음과 같은 명령어를 실행해 봅시다.

표 4-19 [cbind]를 이용하여 열로 합치기

```
> wg1998 <- data.frame(matrix(c(1,2,3,0,2,1), nrow=3))
> names(wg1998) <- c("pid", "wage1998")
> wg1999 <- data.frame(matrix(c(1,2,3,1,1,2), nrow=3))
> names(wg1999) <- c("pid", "wage1999")
> cbwg <- cbind(wg1998, wg1999)
> cbwg
  pid wage1998 pid wage1999
1   1        0   1        1
2   2        2   2        1
3   3        1   3        2
```

위의 마지막 결과를 앞의 〈표 4-11〉의 결과와 비교해 보면 [merge]와 [cbind]의 차이를 쉽게 알 수 있을 것입니다.

그렇다면 〈표 4-13〉과 같이 행의 수가 다른 두 자료를 [cbind]하고자 한다면 어떤 일이 생기게 될까요? 다음과 같은 결과가 나타나게 될 겁니다.

표 4-20 [cbind]를 이용하여 행의 수가 다른 자료 합치기

```
> cbwg2 <- cbind(wg1998, swg1999)
Error in data.frame(..., check.names = FALSE) :
  arguments imply differing number of rows: 3, 2
```

네, 그렇습니다. [cbind]는 행의 수가 같지 않은 두 자료를 묶을 수는 없습니다. [merge]는 행의 수가 달라도 동일한 id가 있으면 되지만 [cbind]는 행의 수가 다른 자료들을 묶을 수 없다는 점을 알아둡시다.

5. [reshape]를 사용한 자료 형태 변환

여러 해에 걸쳐 조사된 종단 자료를 하나의 자료로 만드는 방법은 [merge]를 이용하여 열로 합치거나, [rbind]를 이용하여 행으로 합치는 것입니다. 두 방법은 그 결과의 자료 형태에 있어서 차이를 보이지만, 사실 가지고 있는 정보는 같습니다. 이를 살펴보기 위해 다음 표에 열로 합친 결과와 행으로 합친 결과를 다시 보여주고 있습니다.

표 4-21 열로 합친 결과

pid	wage1998	wage1999
1	0	1
2	2	1
3	1	2

표 4-22 행으로 합친 결과

pid	wage	year
1	0	1998
1	1	1999
2	2	1998
2	1	1999
3	1	1998
3	2	1999

위의 자료를 비교해 보면 동일한 정보가 들어 있다는 것을 어렵지 않게 알 수 있습니다. 사

례별로 1998년과 1999년의 임금이 들어 있는 것이죠. 흔히 열로 합친 결과인 〈표 4-21〉을 [wide form]이라고 하고, 행으로 합친 결과인 〈표 4-22〉를 [long form]이라고 합니다. 두 형태를 보는 한 가지 관점은 시간에 따라 변하는 변수(time-varying variable)를 열로 연결하고 변수 이름에 시간을 담을 것인가 아니면 행으로 연결하되 시간 변수를 따로 만들 것인가의 차이로 보는 것입니다. 전자의 관점이 [wide] 형태이고, 후자의 관점이 [long] 형태입니다.

각 형태는 장단점이 있어서, [wide] 형태는 자료를 저장할 때보다 적은 용량을 차지하는 장점이 있습니다. 위에서 보듯 [wide] 형태는 3×3 행렬로 나타나지만, [long] 형태는 6×3 행렬로 나타난다는 점에서도 이를 알 수 있습니다. 하지만 거의 모든 종단 자료 분석은 [long] 형태로 진행합니다. 우아한 행렬로 나타내거나 쉽게 계산할 수 있는 통계 기법이 [long] 형태로 발전했기 때문입니다. 하지만 [long] 형태는 [wide] 형태와 비교하면 직관적으로 어떤 정보가 들어 있는지 보기가 쉽지 않아서 많은 자료는 [wide] 형태로 배포가 됩니다. 물론 최근의 종단 자료들은 두 형태 모두 제공하는 경향이 있습니다. 따라서 한 형태에서 다른 형태로 변환하는 일이 매우 빈번하기에, 두 형태 사이를 왔다 갔다 하는 방법을 배울 필요가 있습니다. 그렇다면 [wide]에서 [long]으로 바꾸거나, [long]에서 [wide]로 바꿀 수 있는 명령어가 R에서는 무엇일까요? [reshape]이 이렇게 자료의 형태를 바꾸는 데 사용되는 명령어이므로 이를 살펴봅시다. [long]에서 [wide]로 바꾸는 것이 더 쉬우므로 이를 먼저 해 보겠습니다.

표 4-23 [wide] 형태로 전환

```
> wf1 <- reshape(rb2, direction="wide", timevar="year", idvar="pid")
> wf1
  pid wage.1998 wage.1999
1  1         0         1
3  2         2         1
5  3         1         2
```

[long] 형태를 [wide] 형태로 바꾸어주기 위한 [reshape] 명령문을 보면, 우선 바꾸고자 하는 자료의 이름이 나온 다음 어떤 형태로 바꾸어줄지를 선택하는 옵션 [direction="wide"]이 나옵니다. 이제, 개념적으로 시간에 따라 변하지 않는 변수와 시간에 따라 변하는 변수를 구분할 필요가 있습니다. 위에서 [pid]는 시간에 따라 변하지 않는(time-invariant) 변수의 한 종

류이고, [wage]는 시간에 따라 변하는(time-varying) 변수입니다. 시간에 따라 변하는 변수는 [wide] 형태로 갈 때, 열로 붙여지면서 시간이 변수 이름으로 사용되는 것을 봅니다. 이때 [reshape] 명령문에서 시간을 나타내는 변수인 [year]를 적었습니다. 즉 [timevar=]라는 옵션을 써서 [long] 형태에서 시간을 나타내는 변수가 어떤 것인지 알려준 것입니다.

[idvar=]는 시간에 따라 변하는 변수들의 중심이 되는 사례의 id 변수를 적어 넣는 옵션입니다. 위의 예에서는 각 [pid] 따른 두 연도의 임금 변수가 있으므로 [idvar="pid"]라는 옵션을 사용하였습니다. [wide] 형태로 변환된 결과를 보면 변수 이름에 마침표(.)가 붙고 시간이 사용된 것을 볼 수 있습니다. 이렇게 마침표를 사용하여 변수 이름을 적지 않고 [wage1998]과 같이 나타내고 싶다면, [sep=""]이라는 옵션을 주면 됩니다. 만약 [wage_1998]과 같이 나타내고 싶다면 어떻게 하면 되죠? 네, [sep="_"]라는 옵션을 주면 되겠죠. [sep]는 두 단어를 무엇으로 연결할 것인가를 뜻하는 것이라고 보면 됩니다. 어, 그런데 시간에 따라 변하는 변수의 이름은 적어주지 않았네요? 이를 적어주고 싶다면 [v.names=]라는 옵션을 사용할 수 있으나, 굳이 적어줄 필요가 없어서 생략한 것입니다.

[wide] 형태에서 [long] 형태로 바꾸어 주고자 한다면, 위에서 배운 것을 그대로 적용한다면, 위의 명령어 중 [direction="wide"]를 [direction="long"]으로 바꾸어 주면 될 겁니다.

표 4-24 [long] 형태로 전환

```
> lf1 <- reshape(wf1, direction="long", timevar="year", idvar="pid")
> lf1
       pid year wage.1998
1.1998   1 1998         0
2.1998   2 1998         2
3.1998   3 1998         1
1.1999   1 1999         1
2.1999   2 1999         1
3.1999   3 1999         2
```

Good guess!!! [wide] 형태로 바꾼 객체를 [long]으로 바꾸기 위해서는 동일한 명령어에 [direction]만 바꾸어 주면 되는군요. 그렇다면 이런 방법이 일반적으로 사용될까요? 이를 보기 위해 앞에서 만든 [mg1] 자료를 사용해 보도록 하겠습니다.

표 4-25 [long] 형태로 전환

```
> lf2 <- reshape(mg1, direction="long", timevar="year", idvar="pid")
Error in reshape(mg1, direction = "long", timevar = "year", idvar = "pid") :
  no 'reshapeWide' attribute, must specify 'varying'
```

안타깝게도 그렇지 않군요. 일반적으로 [wide]를 [long]으로 바꾸기 위해서는 다음과 같은 명령어를 사용합니다.

표 4-26 [long] 형태로 전환

```
> lf2 <- reshape(mg1, direction="long", varying=c("wage1998", "wage1999"),
+                v.names="wage", timevar="year", idvar="pid")
> lf2
    pid year wage
1.1   1    1    0
2.1   2    1    2
3.1   3    1    1
1.2   1    2    1
2.2   2    2    1
3.2   3    2    2
```

위의 명령문을 보면 [wide] 형태에서 시간에 따라 변하는 변수 이름을 [varying]이라는 옵션에 넣은 것을 볼 수 있습니다(그래서 옵션이 varying인 것이죠). 그리고 [long] 형태가 되었을 때 사용할 변수 이름이 [v.names]에 들어가 있습니다. 이 부분을 바꾸면 어떤 결과가 나타나는지 살펴보시기 바랍니다. 그리고 시간을 나타내는 변수가 [timevar]로 들어가 있는 것을 볼 수 있고, 시간 불변 변수는 [idvar]에 담겨 있습니다.

그런데 결과를 보면 [year]라는 변수가 1998, 1999의 값을 갖고 있지 않고 1, 2의 값을 갖고 있습니다. 물론 앞서 배운 변숫값 변환 명령어로 다시 값을 줄 수 있지만, 결과가 이렇게 나오는 건 바람직한 것이 아닙니다. 그래서 다음과 같은 명령어를 실행해 봅시다.

표 4-27 [long] 형태로 전환

```
> lf3 <- reshape(mg1, direction="long", varying=c("wage1998", "wage1999"), +
sep="", timevar="year", idvar="pid")
> lf3
       pid year wage
1.1998   1 1998    0
2.1998   2 1998    2
3.1998   3 1998    1
1.1999   1 1999    1
2.1999   2 1999    1
3.1999   3 1999    2
```

위의 명령문은 앞엣것과 [sep=""]라는 옵션을 준 대신 [v.names]라는 옵션을 뺀 것에 불과합니다. 하지만 그 결과에서는 [year]라는 변수가 바람직하게 정리되었네요. [sep=""] 옵션을 주면 R은 변수 이름을 문자와 숫자로 구분하게 되고, 처음 숫자가 나오는 이하 부분을 [timevar]의 변숫값으로 인식하게 됩니다. 만약 시간에 따라 변하는 변수 이름이 wage_1998, wage_1999와 같이 되어 있다면 [sep="_"]라는 옵션을 주면 됩니다. 실제로 그런지 한번 해 보세요. 마지막으로 위에서 만들 자료를 [pid]와 [year]로 정렬하면 우리가 원하는 자료 형태로 만든 것을 알 수 있습니다.

[reshape]이라는 명령어를 사용하여 자료 형태를 변환하면 행 이름들이 이전 자료의 정보를 담고 있는 것을 볼 수 있습니다. 일례로 [lf3]을 보면 행 이름이 [pid]와 [year]를 연결한 값으로 되어 있는 것을 봅니다. 이를 없애고 1부터 값을 주고자 한다면 어떻게 하면 된다구요? 네, [> rownames(lf3) <- NULL]을 사용해 보세요.

다섯 번째 주 week 5

객체 유형 변환 및 저장

- 인터넷 자료를 R로 불러오는 방법을 소개한다. 자료를 정리하는 과정에서 행과 열을 변환시키고 변수들의 특성을 살펴본다.
- factor와 character를 숫자로 변환시키는 명령어를 기술한다.
- 정리된 자료를 저장하는 방법을 배운다.

1. 인터넷 자료 불러들이기

앞 장들의 내용은 R의 기본적인 활용을 개념적으로 이해하는 것이었다면, 이번 시간부터 현실 자료를 분석하는 실전에 돌입하면서 더 많은 명령문을 배워보도록 하겠습니다. 여러분들 중 매우 소수만이 자료를 만드는 일을 할 것이고, 대부분은 주어진 자료를 분석하는 일을 하게 될 것입니다. 또 자료를 만드는 일에 종사한다고 하더라도 자료 생산에 드는 시간보다 더 많은 시간을 자료 분석에 할애하게 될 것이기 때문에 이 장부터 논의하게 될 부분은 앞으로 매우 유용하게 사용될 것으로 생각합니다.

우선 인터넷 자료를 다운로드받아 컴퓨터에 저장해 놓고, 이를 분석해 보는 사례를 다루어 보도록 하겠습니다. 여기서 살펴보고자 하는 것은 사망률과 출산율의 관계입니다. 인구학에서 널리 알려진 인구변천이론(demographic transition theory)은 시간상으로 사망률의 하락이 먼저 온 다음 출산율의 하락이 나타나는 것으로 이해합니다. 그 인과적 기제 중 하나는 영아사망률의 하락과 연관이 있는데, 전통적인 사회에서는 높은 영아사망률로 인해 성년까지 살아남는 자녀 수가 적기 때문에 많은 자녀를 출산하는 반면, 사망률이 떨어지면 영아사망률이 먼저 하락하고 이로 인해 성년까지 살아남는 자녀 수가 많아지므로 출산을 줄이게 된다는 것입니다. 과연 한국에서도 이러한 유형이 나타나는지 살펴보도록 하겠습니다.

우선 자료를 얻기 위해 Chrome 주소창에 kosis.kr이라고 써서 통계청에서 운영하는 국가통계 포털로 갑니다. 그리고 상단의 메뉴 바에서 [국내통계]를 클릭한 후 [주제별 통계]의 [인구 · 가구]를 선택합니다. 이어서 [인구 동향조사]에서 [인구동태건 수 및 동태율]을 선택하고 [인구동태건 수 및 동태율 추이]를 누릅니다. 그러면 2015년 3월 22일 현재 2013년부터 2015년까지의 다양한 인구학적 변수들을 볼 수 있습니다. 그런데 우리의 연구 관심을 살펴보기에 이 기간은 관측 연도가 너무 짧아 사례가 적기 때문에 메뉴 바에서 [시점]을 클릭한 후 나타나는 선택 창에서 처음 시점을 1970으로 설정합니다. 윈도우의 오른편 위쪽에 있는 [통계표 조회]를 눌러 자료를 다시 보면 1970년부터 자료를 볼 수 있습니다. [통계표 조회] 버튼 밑에 [다운로드] 버튼이 있어 이것을 클릭하면 대화창이 나타나는데, 모든 초기설정을 그대로 두어 엑셀 파일로 자료를 다운로드합니다.

자료를 내려받은 후 여러분 컴퓨터에서 다운로드한 폴더로 가면 [인구동태건 수]로 시작하는 매우 긴 이름을 가진 엑셀 파일이 있을 겁니다. 이제 이 자료를 더블클릭하여 엑셀에서 엽니다. R에서 엑셀 파일을 바로 불러올 수도 있으나, 앞서 언급한 적이 있었던 R과 윈도우의 호환문제로 인해 한글로 작성된 파일을 불러들이기는 쉽지 않습니다. 호환성의 문제를 최소화하고, 여타의 인터넷 자료들을 불러들이기 위해 제가 애용하는 사용법을 말씀드리도록 하겠습니다. 그 핵심은 엑셀에서 자료를 UTF-8 방식으로 저장하는 [csv] 파일로 저장한 후 R로 불러들이는 것입니다. 이를 위해 엑셀 프로그램에서 [파일]을 클릭하고 [다른 이름으로 저장]을 누릅니다. 대화창이 나타나면 [demog]이라는 이름으로 저장하되, 파일형식을 [CSV(쉼표로 분리)]로 선택합니다. 이렇게 하면 엑셀 시트의 하나만을 저장할 수 있으므로 경고 메시지를 포함한 대화창이 뜨게 되는데 무시하시면 됩니다.

이제 이 자료를 R로 불러오도록 할까요? 다음과 같이 두 명령어를 실행합니다.

표 5-1 CSV 파일 불러오고 보기

```
> demog <- read.table("C:\\asd\\data\\demog\\demog.csv", sep=",")
> View(demog)
```

[read.table]은 컴퓨터에 있는 파일을 불러오는 명령어입니다. 그리고 이 명령어에는 파일 경로 및 이름을 적어 주어야하기에 큰따옴표에 이 부분을 적은 것을 볼 수 있습니다. 여기서 주의해야 할 것은 폴더 경로를 두 개의 후방 사선(backslash, \\)으로 표시했다는 것입니다. 통상 윈도우는 폴더 경로를 하나의 후방 사선(\)으로 표시하기 때문에 윈도우 익스플로러에서 폴더 경로를 복붙(copy and paste)하고자 할 때는 하위 폴더로 넘어갈 때마다 항상 하나를 덧붙여 주어야 한다는 점에 주의하세요. 만약 하나만 남아 있게 되면 오류가 생기게 됩니다. 한 가지 덧붙이자면, 하위 폴더를 표시할 때, 두 개의 후방 사선 대신 하나의 전방 사선(/)으로 표시할 수도 있습니다. 즉 첫 번째 명령어는 [demog <- read.table("C:/asd/data/demog.csv", sep=",")]로 해도 된다는 말입니다. 이에 더해 첫 번째 명령문에 [sep=","]라는 옵션이 있는데, 이는 파일에 담겨있는 변수들이 쉼표로 분리되어 있다는 것을 뜻하고 CSV 파일은 comma-separated values라는 그 이름에서 알 수 있듯 쉼표로 분리하기 때문에 이를 적었습니다.

두 번째 명령어는 자료가 제대로 들어왔는지 확인하기 위해 자료를 보는 명령어 [View]입니다. 이 명령어를 통해 자료가 어떻게 되어 있는지 살펴볼 수 있습니다. 자료를 처음 불러오거나 변숫값을 다시 주거나 혹은 자료 변환을 하여 제대로 되었는지 확인할 때 매우 유용하게 사용되는 명령어입니다.

앞서 적었듯이, 이 부분은 2015년 3월 22일을 기준으로 쓰였기에 [demog.csv] 자료는 이 글을 읽는 시간의 관점에서 볼 때 최신 자료가 아닐 수도 있습니다. 이는 다시 말하면 통계청 자료가 달라질 수 있다는 말이고, 이하에서 분석하는 결과들이 달라질 수 있다는 뜻입니다. 물론 길어야 4~5년 사이에 자료가 그렇게 많이 달라지지는 않을 수 있지만, 그럼에도 약간의 차이가 나는 것은 어쩔 수 없는 일입니다. 이러한 차이가 불편하고, 이 책에 있는 결과를 정확하게 재생하고 싶은 독자들을 위해 [demog.csv] 자료를 특정 인터넷 웹사이트(http://kpc.khu.ac.kr/people/hyun/pubs/books/Rbasics/)에 올려놓았습니다. 이 자료를 굳이 내려받아 컴퓨터에 저장할 필요 없이 R에서 다음과 같은 명령문을 실행해 봅시다.

표 5-2 인터넷 자료 불러오기

```
> demog <- read.table("http://kpc.khu.ac.kr/people/hyun/pubs/books/Rbasics/
demog.csv", sep=",")
> View(demog)
```

두 번째 명령문을 실행하면 자료가 뜰 것인데, 그 자료가 이 책에서 계속해서 사용할 자료입니다. 위 명령문에서 알 수 있는 것처럼, 특정 자료가 있는 웹사이트 주소와 그 자료의 이름을 알면 R로 쉽게 불러올 수 있습니다. 여러분 컴퓨터에 있는 것처럼, 주소와 자료 이름만을 적고 실행하면 되기 때문입니다.

2. [t], [str] 및 [attr]

변수는 열로 나타내고, 사례는 행으로 나타낸다는 일반적인 관행의 측면에서 [demog] 자료를 살펴보면 행과 열이 바뀌어 있는 것을 알 수 있습니다. 다시 말해 우리에게 필요한 자료는 인구학적 변수들이 열로 가고 연도가 행으로 가서 각 연도의 관측값이 사례가 되는 자료입니다. 따라서 행과 열을 바꾸어주어야 하는데 이를 바꾸어주는 명령어가 무엇이었죠? 네, 전치(transpose)를 뜻하는 [t()]였습니다.

표 5-3 행과 열 바꾸기

```
> demog <- data.frame(t(demog))
> View(demog)
```

전치를 한 다음 자료를 살펴보면 필요 없는 정보들이 많으므로 자료를 깨끗하게 하고 싶습니다. 이를 위해 1) 여기서 사용할 몇몇 변수만 남기고 2) 변수 이름이 X로 시작되어서 쉽게 알아볼 수 없어서 이를 쉽게 알아보도록 바꾸고 3) 첫 번째 행이 변수 이름으로 되어 있으므로 이를 버리고 4) [row.names]로 되어 있는 행을 없애고 싶습니다. 다음의 명령어를 실행함으로써 이런 작업을 해 봅시다.

표 5-4 자료 정리

```
> sdemog <- demog[,c("X1", "X6", "X8", "X10", "X14")]
> names(sdemog) <- c("year", "cdr", "tfr", "marn", "le0")
> sdemog <- sdemog[-1,]
> rownames(sdemog) <- NULL
```

위 명령어는 하고자 하는 작업의 순서와 일치하고 있습니다. 특정 변수만을 선택하고 싶다면, 첫 번째 명령어에서 볼 수 있는 것처럼 열을 indexing하는 곳에다 변수 이름을 적으면 됩니다. 두 번째 명령어의 변수 이름 설정에서 [cdr]은 crude death rate를, [tfr]은 total fertility rate를, [marn]은 혼인 건수를, [le0]는 life expectancy at birth를 뜻합니다. 세 번째 명령어에서 첫 번째 행을 제거하고 싶을 때는 행을 indexing하는 곳에 [-] 표시를 주어 제거한 것입니다. 마지막으로 [row.names]라는 열을 제거했습니다.

[〉 View(sdemog)]이라는 명령어를 실행하여 자료를 보면 어느 정도 정리가 된 것 같습니다. 이제 이 자료에 어떤 것들이 있는지 살펴볼까요?

표 5-5 자료의 구조를 한 눈에 보기

```
> str(sdemog)
'data.frame':    46 obs. of  5 variables:
 $ year: Factor w/ 47 levels "1970","1971",..: 1 2 3 4 5 6 7 8 9 10 ...
  ..- attr(*, "names")= chr  "V2" "V3" "V4" "V5" ...
 $ cdr : Factor w/ 20 levels "5.0","5.1","5.2",..: 19 14 11 18 14 17 16 13
13 12 ...
  ..- attr(*, "names")= chr  "V2" "V3" "V4" "V5" ...
 $ tfr : Factor w/ 46 levels "1.076","1.123",..: 44 45 43 42 41 40 39 38 35
37 ...
  ..- attr(*, "names")= chr  "V2" "V3" "V4" "V5" ...
 $ marn: Factor w/ 47 levels "239,457","244,780",..: 7 1 2 3 4 5 6 10 24 26
...
  ..- attr(*, "names")= chr  "V2" "V3" "V4" "V5" ...
 $ le0 : Factor w/ 47 levels "-","61.93","62.33",..: 2 3 4 5 6 7 8 9 10 11 ...
  ..- attr(*, "names")= chr  "V2" "V3" "V4" "V5" ...
```

[str] 명령어는 자료의 구조(structure)를 간단하게 보여주는 명령어입니다. 그 명령어를 실행

한 결과를 보면 [demog]은 data frame인 것을 알 수 있고 46개의 사례와 5개의 변수가 있습니다. 사례 수와 변수의 수를 알 수 있는 명령어가 무엇인지 기억하시나요? 그 명령어를 실행했을 때와 동일한 결과가 나오는지 살펴보시기 바랍니다. 그리고 다섯 개의 변수에 대한 간단한 정보도 보여주고 있습니다. 달러 표시 뒤에 변수 이름을 붙여 각 변수의 특성을 보여주고 있습니다. 예를 들어 [year]라는 변수는 [Factor]이고 47개의 범주들(levels)로 이루어져 있으며, 그 범주들을 작은 값부터 나열하면 "1970", "1971"이고, 첫 번째 사례부터 순서대로 1, 2, 3, 4~의 값을 갖고 있습니다. [cdr]이라는 변수는 20개의 범주로 되어 있는데, 가장 작은 값부터 "5.0", "5.1"~의 값들로 이루어져 있습니다. 그리고 처음 몇몇 사례들은 19, 14, 11~의 값을 가지고 있는데, 이는 첫 번째 사례의 값은 19번째 값이고, 이후의 사례부터 차례로 14번째, 11번째 값을 갖고 있다고 하고 있군요.

각 변수의 특성을 보여주는 두 번째 줄을 이해하기 위해 다음과 같은 명령어를 실행해 보겠습니다.

표 5-6 자료의 특성 보기

```
> attr(sdemog$year, "names")
 [1] "V2"  "V3"  "V4"  "V5"  "V6"  "V7"  "V8"  "V9"  "V10" "V11" "V12"
"V13"
[13] "V14" "V15" "V16" "V17" "V18" "V19" "V20" "V21" "V22" "V23" "V24"
"V25"
[25] "V26" "V27" "V28" "V29" "V30" "V31" "V32" "V33" "V34" "V35" "V36"
"V37"
[37] "V38" "V39" "V40" "V41" "V42" "V43" "V44" "V45" "V46" "V47"
```

앞의 〈표 5-5〉와 같은 결과가 나온 것을 볼 수 있습니다. [attr()]이라는 명령어는 객체의 다양한 특성을 볼 수 있는 명령어로, 여기서 사용한 것은 [sdemog$year]라는 객체의 [names]를 보여주라는 것입니다. 만약 이 객체의 [class] 종류를 보고 싶다면 [〉 attr(sdemog$year, "class")]라고 실행을 하면 되겠지요? 물론 [〉 class(sdemog$year)]라는 명령어로 같은 결과를 볼 수 있으나 [attr]이라는 명령어가 나왔으니 이를 소개해 드립니다. [names]나 [class] 이외에도 볼 수 있는 특성에 대해서는 [〉 ?attr]이라는 명령어를 사용하여 도움말 파일(help file)을 열어보세요. 그리고 [attr]의 명령어를 사용할 때, 보고자 하는 특성은 큰따옴표에 넣었다는 것에 주의하시기 바랍니다.

그런데 모든 변수의 [names]가 "V2", "V3"~로 되어 있는 것을 봅니다. 왜 이런 결과가 나왔는지 이해할 수 있으신가요? [sdemog]의 사례들은 원래 자료에서 열로 이루어져 있던 것, 다시 말해 변수로 되어 있던 것을 전치한 것이었는데, 전치 전에 변수 명들이 이런 변수 명을 가지고 있었습니다. 게다가 자료를 정리하는 과정에서 첫 번째 사례를 제거하지 않았습니까? 그래서 "V1"은 사라진 것입니다.

3. factor와 문자의 숫자 변환

어, 그런데 모든 변수가 factor로 되어 있네요? 우리가 사용할 변수는 factor가 아니라 모두 양적 변수인 double 혹은 numeric이어야 하는데 말이죠. 왜 모든 변수는 factor로 되어 있나요? 우선 [sdemog]이라는 자료가 data frame이라는 것을 생각해 보면 원래 자료의 변숫값들이 숫자가 아닌 문자로 읽혔다는 것을 이해할 수 있을 겁니다. 어, 우리가 통계청에서 내려받은 자료는 숫자로 되어 있지 않나요? 자료를 저장했던 폴더로 가서 R로 불러 들어온 [CSV] 파일을 열어보면 첫 번째 행만이 문자로 되어 있을 뿐 나머지는 숫자로 되어 있는 것을 봅니다. 그런데 이런 숫자들도 문자로 읽었단 말인가요? 네, [CSV] 파일을 처음 R로 불러온 후 [> class(demog$V2)]라는 명령어로 이 변수의 특성을 보면 factor라고 뜹니다. 이는 이 변수를 숫자가 아닌 문자로 읽었다는 것인데, 이는 어떤 숫자에 쉼표(,)가 들어 있기 때문입니다. 예를 들어 출생아 수에 관한 행을 보면 숫자에 1,000단위를 나타내기 위해 쉼표가 들어 있는 것을 보는데, R은 이 쉼표가 들어간 숫자를 문자로 읽습니다. 한 행을 문자로 읽기 때문에 coercion에 의해 그 값이 들어간 변수는 문자로 읽게 되는 것입니다. 그래서 모든 값을 문자로 읽었고 모든 변수는 factor가 되었습니다. 그래서 [sdemog]이라는 자료도 factor입니다.

하지만 우리가 다루고자 하는 변수들은 양적 변수이지 범주형 변수가 아니므로, 이에 더해 이미 논의한 것처럼 factor는 사칙연산을 할 수 없어서, 모든 변수를 통계청 자료에 따른 숫자로 바꾸어줄 필요가 있습니다. 우선 [year]라는 변수를 숫자로 바꾸어주기 위해, 다음과 같은 명령어를 실행해 보겠습니다.

표 5-7 factor의 숫자 변환

```
> sdemog$year_n1 <- as.numeric(sdemog$year)
```

이 명령어를 실행한 다음 [> View(sdemog)]이라는 명령어를 실행하여 자료를 살펴보면 1970년은 1의 값을, 1971년은 2의 값을~, 2015년은 46의 값을 가지고 있습니다. [> typeof (sdemog$year_n1)]이라고 실행해 보면 [[1] "double"]이라고 나오기 때문에, 숫자 변환에는 성공했다는 것을 알 수 있습니다. 그렇다면 왜 새로운 변수는 1부터 46의 값을 가지고 있을까요? factor는 범주형 변수를 1부터 범주의 수까지 integer로 저장한다는 것을 기억하시나요? [as.numeric]이라는 명령어를 factor에 적용하면, 그 integer 숫자를 만들어주게 됩니다. 그래서 그런 결과가 나온 것이죠. 하지만 새로운 변수에 1969를 더해서 원래의 연도로 만들 수 있으나, 이렇게 1부터 시작되는 것은 우리가 원하는 것이 아닙니다. 변환했을 때 바로 1970, 1971~ 등의 값을 갖는 변수를 만들고 싶습니다. 이때 유용하게 사용되는 명령어가 [strtoi] 즉 string to integer입니다.

표 5-8 factor의 숫자 변환

```
> sdemog$year_n2 <- strtoi(sdemog$year)
```

다시 [View(sdemog)]이라는 명령어로 자료를 살펴보면, 원래 만들고자 했던 의도대로 1970년은 1970, 1971년은 1971~ 등등으로 변환된 것을 봅니다. 다시 한 번 말하면 [strtoi] 명령어는 factor로 되어 있는 integer 값을 integer로 변환시켜줍니다. [> typeof(sdemog$year_n2)]라는 명령어를 이용하여 [year_n2]라는 변수는 integer라는 것을 알 수 있습니다.

그런데 자료의 맨 밑으로 내려가 보면, 2015년은 NA(not available)로 되어 있는 것을 봅니다. 왜 이 연도는 NA가 되었을까요? [year]라는 변수의 마지막 값을 보면 ["2015 p)"]라고 되어 있습니다. 즉 숫자 뒤에 "p)"라는 부분이 더 붙어 있으므로 전체 값이 integer가 아니었던 것이고, 변환을 할 수 없었기 때문에 NA가 되었습니다. 따라서 이 부분을 바꿔주고 싶습니다. 이를 위해 다음과 같이 해 봅시다.

표 5-9 factor의 숫자 변환

```
> sdemog$year <- as.character(sdemog$year)
> sdemog$year[length(sdemog$year)] <- "2015"
> sdemog$year_n3 <- strtoi(sdemog$year)
```

우선 [year]라는 변수가 factor이기 때문에 이를 character로 변환해 주었습니다. [as.character] 명령어를 사용했을 때, factor의 integer 부분이 아니라 문자로 되어 있는 부분이 character로 바뀐다는 점에 주의하시기 바랍니다. 그런 다음 마지막 칸에 있는 변숫값을 "2015"로 바꾸어 주었습니다. 이어서 character 특성을 가지게 된 [year] 변수를 숫자로 바꾸어 주기 위해 [strtoi]라는 명령어를 사용하였습니다. 다시 [View]를 통해 자료를 보면 아무런 문제없이 원래 의도한 대로 바뀐 것을 봅니다.

이제 [cdr]이라는 변수를 살펴보면 원래 변숫값이 정수가 아니라 소수점을 가지고 있는 소수입니다. 따라서 [strtoi] 명령어는 작동하지 않을 것입니다. 실제 그런지 궁금하면 직접 이 명령어를 사용해 보기 바랍니다. 이런 소수의 경우에는 먼저 문자로 바꾼 다음 [as.numeric]이라는 명령어를 사용합니다.

표 5-10 factor의 숫자 변환

```
> sdemog$cdr_n1 <- as.numeric(as.character(sdemog$cdr))
```

위의 명령어를 실행한 후 자료를 다시 살펴보면, 아무런 문제없이 소수점을 가진 소수로 변환되었고, 요소의 종류는 double이라는 것을 알 수 있습니다. 위와 유사한 방법으로 [tfr]도 변환할 수 있을 겁니다.

하지만 [marn] 변수를 보면 쉼표가 들어가 있다는 점에서 이전 변수들과는 또 다릅니다. [as.numeric] 방식을 적용해 볼까요?

표 5-11 factor의 숫자 변환

```
> sdemog$marn_n1 <- as.numeric(as.character(sdemog$marn))
Warning message:
NAs introduced by coercion
```

Oooooooooops. 경고 표시가 떴습니다. 자료를 살펴보면 모든 값이 NA로 되어 있습니다. [strtoi(sdemog$marn)]을 적용해 보아도 문제가 풀리지 않습니다. 다음과 같은 방법으로 이 문제를 해결할 수 있습니다.

표 5-12 쉼표가 들어간 factor의 문자 및 숫자 변환

```
> sdemog$marn_c <- as.character(sdemog$marn)
> sdemog$marn_noc <- gsub(",", "", sdemog$marn_c)
> sdemog$marn_n2 <- as.numeric(sdemog$marn_noc)
```

[as.character]라는 명령어를 사용하여, factor로 되어 있는 변숫값을 문자로 읽도록 하였습니다. 그리고 두 번째 명령문에서 [gsub]이라는 명령어로 쉼표를 없애도록 하였습니다. 즉 [gsub(",", "", sdemog$marn_c)]라는 명령어는 [sdemog$marn_c]라는 변수에서, 쉼표(,)로 되어 있는 부분을 아무런 공간이 없는 ("")로 교체하라는 뜻입니다. 만약 쉼표를 -표시로 바꾸고자 한다면 [gsub(",", "-", sdemog$marn_c)]라고 적었을 겁니다. 그리고 마지막으로 쉼표가 없는 문자를 숫자로 읽었습니다. 자료를 살펴보면, 마지막에 만든 변수가 아무런 문제없이 숫자로 표시되는 것을 봅니다.

[le0]는 [cdr]을 바꾸는 방식으로 바꾸면 되지만, 이때 NA가 있다는 경고 표시가 뜨는 것을 봅니다. 자료를 살펴보면 2015년의 사례 값이 NA가 되는데, 2015년의 값은 없는 것이기 때문에 NA가 올바른 값이라는 점에서 아무런 문제가 없습니다.

지금까지의 논의를 정리해 보면, 사실 factor로 변환된 숫자를 원래의 숫자로 되돌리기 위해서는 [as.numeric(as.character())]라는 명령문을 활용하면 된다는 것입니다. 다만 원래 숫자가 정수일 경우 [strtoi()]라는 명령문을 사용해도 됩니다. 이런 논의 과정에서 여러 변수가 만들어지고 자료가 지저분해졌지만, 아무런 문제없는 숫자 변수만을 남겨두고, 아직 변환하지

않은 변수는 숫자로 변환하여, 모든 변수를 원래의 이름으로 되돌린 후 실제 분석을 진행해 봅시다.

표 5-13 자료 정리

```
sdemog$tfr_n <- as.numeric(as.character(sdemog$tfr))
sdemog$le0_n <- as.numeric(as.character(sdemog$le0))
ndemog <- sdemog[,c("year_n3", "cdr_n1", "tfr_n", "marn_n2", "le0_n")]
names(ndemog) <- c("year", "cdr", "tfr", "marn", "le0")
```

마지막 명령어까지 실행한 후 [str] 명령어를 사용하여 모든 변수가 숫자인지 확인하시기 바랍니다.

4. 자료 저장

지금까지 꽤 많은 작업을 진행해서 자료를 변환시켰습니다. 이 자료를 분석해야 할 때마다 처음부터 다시 이 모든 일을 해야 한다면 시간 낭비가 되기 때문에 정리된 자료를 저장한 후 필요할 때마다 꺼내 쓰는 것이 훨씬 효율적이겠죠? 이제 정리된 자료를 컴퓨터의 특정 폴더에 저장해보도록 하겠습니다.

표 5-14 [save] 자료 저장: 하나의 객체

```
> save(ndemog, file="C:\\asd\\data\\demog\\demog_5var.RData")
```

위에서는 [save]라는 명령어를 이용해서 [ndemog]이라는 객체를 [C://asd//data//demog/] 라는 폴더에 [demog_5var.RData]라는 이름으로 저장했습니다. 이 폴더에 가 보시면 R 자료가 저장된 것을 볼 수 있습니다. [save]라는 명령어를 사용하여 하나의 객체만이 아니라 두 개 이상의 객체도 저장할 수 있는데, 이는 여타의 통계 프로그램과 R의 차이를 보여줍니다. 즉 다음과 같은 명령어를 실행하면 [ndemog]과 [sdemog]이라는 두 개의 객체를 특정 자료 이름으로 저장할 수 있습니다.

표 5-15 [save] 자료 저장: 복수의 객체

```
> save(ndemog, sdemog, file="C:\\asd\\data\\demog\\demog_2.RData")
```

이에 더해 현재 우리가 일하고 있는 공간의 모든 자료를 저장할 수 있습니다. 다음과 같은 명령어를 사용하여 현재 작업 공간에 어떤 객체가 있는지 살펴봅시다.

표 5-16 작업 공간의 객체 list

```
> ls()
[1] "demog"   "ndemog" "sdemog"
```

[ls]는 list의 약자로 현재 작업 공간의 객체를 보여주는 명령어입니다. 물론 현재의 객체가 세 개밖에 되지 않아서 [save] 명령어를 이용해서 모두 저장할 수 있지만, 객체가 많을 때는 모든 객체의 이름을 적어주기 불편할 수 있습니다. 이때는 다음과 같은 명령어를 실행하여 모든 객체를 저장할 수 있습니다.

표 5-17 작업 공간 저장

```
> save.image(file="C:\\asd\\data\\demog\\demog.RData")
```

이렇게 보면 다른 통계 패키지와 R의 자료 저장 명령어는 객체를 저장할 것인가와 공간을 저장할 것인가의 개념 차이를 보인다고 할 수 있겠네요. 즉 여타의 통계 패키지는 하나의 객체를 변형하고 분석하여, 최종적인 객체를 저장하는 반면 R은 다양한 객체를 만들고 변형할 수 있고 그 객체를 모두 저장할 수도 있습니다. 이런 점에서 R에서 만든 여러 객체를 포함하는 작업 공간을 다른 프로그램에서 불러오는데 문제가 생길 수 있습니다. 왜냐면 다른 패키지들은 하나의 객체만을 불러들이기 때문입니다. 만약 여러분이 동일한 자료를 활용하여 R에서 한 분석을 SAS나 Stata에서도 해 보고 싶다면 이들에서도 쉽게 불러들일 수 있는 자료로 저장하는 것이 좋겠지요? 저의 선호는 이 장의 처음에서 보신 것처럼 CSV파일로 저장하는 것입니다.

다음의 명령어를 실행해 보세요.

표 5-18 CSV파일로 객체 저장

```
write.table(ndemog, file="C:\\asd\\data\\demog\\ndemog.csv",
            sep=",", row.names=FALSE)
```

[write.table]이라는 명령어를 사용하여 [ndemog]이라는 객체를 특정 폴더에 동일한 이름으로 저장했습니다. 파일 형식은 CSV이고, [sep=","] 옵션을 주어 쉼표로 분리되도록 만들었습니다. 그리고 객체의 행 이름은 필요가 없어서 [row.names=FALSE] 옵션을 설정했습니다. 위에서 저장한 폴더로 가신 후 자료의 이름을 더블클릭하면 엑셀에서 이 자료를 열 수 있고, 우리가 현재 사용하는 객체와 같은 것을 볼 수 있습니다.

이제 작업 공간을 깨끗하게 하기 위해 모든 객체를 지우도록 하겠습니다. 이런 일을 하는 명령어가 무엇이었지요? 네 [rm]이라는 명령어였습니다. 동일한 명령어를 사용하되, 현재 작업 공간에 있는 모든 객체를 한번에 지우기 위해서는 다음과 같이 사용합니다.

표 5-19 작업 공간 객체 지우기

```
> rm(list=ls())
> ls()
character(0)
```

처음 명령어로 모든 객체를 지운 후 작업 공간에 어떤 객체가 있는지 보는 명령어를 실행했더니 [character(0)]라는 결과가 나왔고, 이는 아무런 객체가 없다는 뜻입니다.

여섯 번째 주 week 6

범주형 변수의 통계

- 저장된 자료를 불러들이는 방법을 기술하고, 양적 변수를 범주형 변수로 만드는 방법을 소개한다.
- 기초 통계를 보는 명령어를 논의한 후 변수 이름만 사용하여 자료를 분석하는 방법을 배우고, 범주형 변수의 빈도 수를 살펴본다.

1. 자료 불러들이기

앞장에서 했던 작업을 다시 진행하기 위해 마지막에 만들었던 자료 [ndemog]을 R로 불러오겠습니다. 이 작업을 하기 전에 작업 디렉터리(working directory)를 바꾸는 것을 먼저 하도록 하죠. 지난주에 한 작업 중 자료를 저장했던 명령어들을 살펴보면 모두 긴 이름의 폴더 경로가 들어가서 일일이 써주기가 귀찮습니다. 이렇게 긴 폴더 경로를 없애는 방법이 현재의 작업 디렉터리를 특정 폴더로 변경하는 것입니다. 현재의 작업 디렉터리를 보는 명령어와 이를 바꾸는 명령어는 다음과 같습니다.

표 6-1 작업 디렉터리 바꾸기

```
> getwd()
[1] "C:/Users/sadof/OneDrive/Documents"
> setwd("C:\\asd\\data\\demog")
```

[getwd]라는 명령어로 살펴보니 작업 디렉터리가 ["C:/Users/sadof/OneDrive/Docu-

ments/"로 설정이 되어 있었네요. [setwd]라는 명령어를 사용하여 제가 자료를 저장해 놓은 폴더로 바꾸었습니다.

이제 자료를 불러오기 위해서는 다음과 같은 명령어만 사용하면 됩니다.

표 6-2 R 자료 불러오기

```
> load("demog_5var.RData")
> ls()
[1] "ndemog"
```

[load]라는 명령어를 사용해서 R 자료를 불러왔는데, 앞에서 사용한 모든 폴더 경로가 빠져 있는 것을 봅니다. 이는 작업 디렉터리를 자료가 저장된 폴더로 바꾸었기 때문에 가능한 일입니다. 그리고 [ls] 명령어를 사용해 어떤 객체가 있는지 살펴보았습니다. 자료를 저장하면서 언급했던 것처럼, R은 다른 통계 프로그램들과는 다르게 여러 객체를 저장한다는 점에서 작업 공간을 저장하고 그 작업 공간을 불러오는 개념을 가지고 있습니다. 따라서 하나의 작업 공간을 불러오면 여러 객체가 있을 가능성이 크기 때문에 항상 [ls]라는 명령어를 이용하여 어떤 객체들이 있는지 살펴볼 필요가 있습니다. 예를 들어 여러분이 [demog_2.RData]를 불러온 다음 [ls]를 하시면 [sdemog]과 [ndemog]이 있을 겁니다.

2. 양적 변수를 범주형 변수로 변환하기

자료를 다루는 방법을 살펴보기 위해서 양적 변수를 범주형 변수로 만드는 방법을 알아보도록 하겠습니다. 예를 들어 [ndemog] 객체의 연도 변수는 1970년부터 2015년까지 1년 단위로 이루어져 있습니다. 이를 10년 단위로 끊어 1970년대, 1980년대 등으로 만들고자 한다면 다음과 같은 명령어를 사용할 수 있습니다.

표 6-3 연도를 10년 단위 변수로 만들기

```
> ndemog$year_c <- floor(ndemog$year/10)-197
> table(ndemog$year, ndemog$year_c, useNA="ifany")

       0 1 2 3 4
  1970 1 0 0 0 0
  1971 1 0 0 0 0
  ......................
  1980 0 1 0 0 0
  ......................
  1990 0 0 1 0 0
  ......................
  2000 0 0 0 1 0
  ......................
  2010 0 0 0 0 1
  ......................
```

[floor()]는 괄호에 있는 숫자보다 크지 않은, 가장 큰 정수를 보여주는 함수입니다. 예를 들어 [floor(1.7)]의 결과는 1이죠. 따라서 [floor(ndemog$year/10)]를 하게 되면 1970부터 1979는 197의 값을, 1980부터 1989는 198의 값을~, 2010부터 2015까지는 201의 값을 갖게 됩니다. 그리고 여기서 197을 빼주었기 때문에 1970년대는 0의 값을, 1980년대는 1의 값을~, 2010년대는 4의 값을 갖습니다. 즉 [year_c]라는 변수는 0부터 4의 값을 갖는데, 0은 1970년대를, 1은 1980년대를, 2는 1990년대를, 3은 2000년대를, 4는 2010년대를 의미하는 변수가 된 것입니다.

그리고 두 번째 명령어에서는 새로 만든 변수가 제대로 만들어졌는지를 보기 위해 [table]이라는 함수를 사용해서 새 변수와 원래 변수를 교차한 표를 보여주고 있습니다. 의미 없는 결과를 모두 보여주는 것은 공간의 낭비로 생각해서, 이 표에서는 결과 모두를 보여주는 것이 아니라 몇몇 결과만 남겨두고 나머지는 지웠습니다. 이 교차표에서 각 칸에 있는 숫자는 사례 수를 의미하게 됩니다. 예를 들어 1970이라는 행과 0이라는 열이 교차하는 칸에는 1의 값이 있는데, 이는 [table]이라는 명령어에서 [ndemog$year]라는 변수의 값이 1970이면서 [ndemog$year_c]라는 변수의 값이 0인 사례 수는 하나라는 것을 의미합니다. 여기서 보시는 것처럼 [table] 명령어를 사용해서 교차표를 만들 때, 처음에 나오는 변수의 값이 행으로 오고, 다음에 나오는 변수의 값이 열로 온다는 것에 주의해서 표를 해석하면 됩니다. 그리고 그 명령어에 [useNA="ifany"]라는 옵션을 준 것을 볼 수 있는데, 이는 두 변수 중 결측값을 가지고 있는 사례가 있다면 이들 또한 보여주라는 것입니다. 이러한 진술의 다른 의미는 만약 결측값이 없다면 굳이 그 범주를 보여줄 필요는 없다는 것이겠지요? 초기설정에서는 결측값이 있다고 하더라도 이들 사례는 보여주지 않기 때문에 표로 나온 사례를 모두 더했을 때 전체 사례 수가 나오지 않는 경우가 있으므로, 표를 만들 때는 항상 이 옵션을 사용하기를 권장합니다.

여하튼 결과표를 보면 우리가 원하는 대로 새 변수가 만들어진 것을 알 수 있습니다. 어떤 변수를 새로 만들 때, 여기에서 [table] 명령어로 그랬던 것처럼 새 변수가 제대로 만들어졌는지 늘 확인하는 습관을 기를 필요가 있습니다. 이런 작업을 게을리하면 자신도 모르게 잘못된 변수를 만들어서 완전히 잘못된 분석을 하게 되기 때문에 이는 아무리 강조해도 지나치지 않은 매우 중요한 부분이라 하겠습니다.

인구학에서 널리 사용되는 용어 중 대체출산율(replacement fertility)과 초저출산(lowest-low fertility)이라는 개념이 있습니다. 앞에 있는 것은 현재의 인구를 재생산하는 수준의 출산율을 의미하여, 통상 합계출산율 2.1 수준을, 뒤에 있는 것은 최근의 극 저출산율(ultra-low fertility)을 특징짓는 용어로 합계출산율 1.3 이하를 의미합니다. 합계출산율은 여성이 일생 출산하게 되는 자녀 수로 해석할 수 있는데, 대체 수준의 출산율이 2.1인 이유는 출생 후 다음 세대를 재생산할 수 있을 때까지 사망으로 인해 0.1 정도는 감소하기 때문입니다. 이러한 사전지식을 가지고 한국의 합계출산율 변화를 대체출산율 초과 출산율, 대체출산율과 초저출산 초과, 초저출산 이하의 세 범주로 나누어볼까요?

우선 합계출산율을 범주화할 때 정수를 사용하는 것이 아니므로 위에서 사용한 [floor] 명령어를 다시 쓰기는 쉽지 않다는 것을 알 수 있을 겁니다. 여기에서는 [cut]이라는 명령어를 사용해서 양적 변수를 범주화해 보도록 하겠습니다.

표 6-4 양적 변수의 범주화: [cut] 명령어

```
> ndemog$tfr_c <- cut(ndemog$tfr, breaks=c(-Inf, 1.3, 2.1, Inf),
+                     labels=c("llf", "repl", "high"))
```

위에서 사용한 [cut]이라는 명령어는 양적 변수를 factor의 속성을 지닌 변수로 만들어 줍니다. 이때 중요한 부분이 [breaks]라는 부분인데, 이 부분에 적혀 있는 숫자들을 기준점으로 구간을 나누어 범주화를 하게 되며, 여기서는 네 개의 점을 기준으로 세 개의 구간으로 나누어 세 개의 범주가 만들어졌습니다. 즉 음의 무한대에서 1.3까지가 하나의 구간 혹은 범주이고, 1.3에서 2.1까지가 또 하나의 범주이고, 2.1에서 무한대까지가 마지막 범주입니다. 여기서 주의해야 할 점은 한 구간을 나타내는 두 값 중 작은 값은 그 범주에 포함되지 않지만, 큰 값은 포함된다는 점입니다. 다시 말해 새로 만들어진 변수의 [llf] 범주는 음의 무한대보다는 크고 1.3보다는 작거나 같은 수를 의미하게 되며, [repl]이라는 범주는 1.3보다는 크고 2.1보다는 작거나 같은 수를 포함하게 된다는 것입니다. 이와는 반대로, 한 구간을 나타내는 두 값 중 큰 수는 포함하지 않고 작은 수는 포함하고 싶다면 [right=FALSE]라는 옵션을 넣으면 됩니다. 따라서 어떤 수를 포함하고 어떤 수를 포함하지 않는지를 확인한 후 주의하여 사용할 필요가 있습니다.

그리고 [labels]는 각 범주의 이름을 만들어 주는 옵션으로 [View]를 사용하여 자료를 살펴보면 [tfr_c]의 이름이 여기에 적은 문자로 되어 있는 것을 알 수 있습니다. 만약 [labels] 옵션을 적어 넣지 않는다면 범주의 이름이 "(-Inf,1.3]", "(1.3,2.1]", "(2.1,Inf]"로 설정됩니다. 흔히 구간을 나타낼 때 [( ] 표시는 포함되지 않는 시작점을 [ ]] 표시는 포함되는 끝점을 의미한다는 것을 상기하면, [labels] 옵션이 없을 때는 새로 생성된 factor 변수의 label로 각 범주의 구간을 사용한다는 것을 알 수 있습니다.

3. 기초 통계량 보기: summary 명령어

이제 기본적인 자료 정리가 끝났기 때문에 본격적인 분석을 시작해 보도록 하겠습니다. 어떤 자료를 주면 가장 먼저 할 일은 모든 변수의 기초 통계량을 뽑아 보는 것입니다. 변수의 기초 통계에는 어떤 것들이 있었나요? 변수의 종류에 따라 달라서, 이산형 변수(discrete variable)의 경우에는 각 범주의 사례 수와 전체 중 백분율이 가장 중요하고, 양적 변수의 경우에는 평균과 표준편차 및 중간값, 최솟값과 최댓값이 가장 중요합니다. 이러한 기초 통계의 모든 것은 아니지만, 많은 것을 볼 수 있는 간단한 명령어가 [summary]입니다.

표 6-5 객체의 기초 통계: [summary] 명령어

```
> summary(ndemog)
      year           cdr             tfr              marn       
 Min.   :1970   Min.   :5.000   Min.   :1.076   Min.   :239457  
 1st Qu.:1981   1st Qu.:5.200   1st Qu.:1.246   1st Qu.:306280  
 Median :1992   Median :5.400   Median :1.572   Median :337552  
 Mean   :1992   Mean   :5.815   Mean   :1.975   Mean   :346578  
 3rd Qu.:2004   3rd Qu.:6.275   3rd Qu.:2.525   3rd Qu.:392410  
 Max.   :2015   Max.   :8.000   Max.   :4.540   Max.   :434911  

      le0            year_c        tfr_c   
 Min.   :61.93   Min.   :0.000   llf :15  
 1st Qu.:66.19   1st Qu.:1.000   repl:18  
 Median :72.21   Median :2.000   high:13  
 Mean   :72.05   Mean   :1.826            
 3rd Qu.:77.44   3rd Qu.:3.000            
 Max.   :82.40   Max.   :4.000            
 NA's   :1                                
```

위의 표는 R에서 나온 결과를 복사 후 붙여넣기 한 것인데, 정렬이 깔끔하지 않게 되어 있는 것을 봅니다. 이는 R과 한글이 여백을 주는 방식이 다르기 때문이라고 생각하시면 됩니다. 물론 여기에서 탭을 활용하여 이 결과를 깔끔하게 만들 방법을 배울 수도 있지만, 이 부분은 여러분들이 Googling을 해서 스스로 배워 보시기 바랍니다.

여하튼 어떤 data frame 객체에 들어 있는 모든 변수의 간단한 기초 통계를 보고 싶다면 [summary]를 이용하면 됩니다. [year] 변수는 양적 변수이기 때문에 기초 통곗값으로, 위에부터 차례대로 최솟값, 첫번째 사분위 수(first quartile), 중간값, 평균, 세번째 사분위 수, 최댓값을 보여주고 있습니다. [cdr], [tfr], [marn], [le0]의 기초 통곗값들도 이들을 표시하고 있습니다. 다만 [le0]에는 결측값이 하나 있으므로 맨 마지막에 보시면 [NA's: 1]이라고 표시하여, 결측값이 하나 있다는 것을 알려주고 있습니다.

[year_c]를 살펴보기 전에 [tfr_c]를 보면 각 범주의 사례 수를 보여주고 있는 것을 봅니다. 앞서 말씀드린 것처럼 [cut]이라는 명령어를 사용해서 만들어진 변수는 factor의 속성을 가지고 있고, 이는 범주형 변수이기 때문에 R은 이를 자동으로 인식하여, 양적 변수에서 중요한 통곗값들이 아닌 범주형 변수에서 중요한 각 범주의 사례 수를 보여주고 있습니다.

어, 그런데 [year_c]도 범주형으로 만들었는데 이는 사례 수를 보여주지 않고 양적 변수들의 통곗값들을 보여주고 있네요? 이 변수를 만들면서 이 변수가 factor의 속성을 갖도록 만들지는 않았다는 점을 깨달으시면 이 점이 이해가 될 것입니다. 즉 이 변수는 [floor]라는 명령어와 숫자를 조작하는 연산으로 만들어진 변수이기 때문에 R은 이 변수를 양적 변수로 인식하고 있고, 만약 [factor]라는 명령어를 사용하여 이 변수를 factor로 변환시켜 준 다음 기초 통계를 보시면 각 범주의 사례 수가 나오게 될 것입니다.

[cdr], [tfr], [le0]가 무엇을 뜻하는지 궁금한 독자들이 있을 수 있어 이들에 대한 간략한 해석 방법을 제시하면 다음과 같습니다. [cdr]은 crude death rate라는 용어로 조사망률로 번역되고, 이는 인구 1,000명당 사망한 사람의 수로 이해하시면 됩니다. 평균이 5.8 정도라는 것은 이 기간에 인구 1,000명당 평균 5.8명이 사망하였다는 것을 의미하는데, 이런 맥락에서 해석해 보면 가장 조사망률이 낮은 해에는 1,000명당 5명이 죽었고, 가장 높았던 해에는 8명이 죽었네요.

그런데 이 통계는 인구의 연령구조에 의해 영향을 받는다는 커다란 단점이 있습니다. 사망에 가장 큰 영향을 주는 변수가 연령이라, 특정 연령 이하에서는 사망률이 매우 낮은 수준을 유지하다 그 연령이 지나면 사망률이 급격히 올라가게 됩니다. 그래서 젊은 사람들이 많이 있는 인구는 조사망률이 낮고 노인들이 많은 인구는 조사망률이 높아지게 됩니다. 한국의 경우 2010년부터 조사망률이 올라가고 있는데, 이는 건강 관련 환경이 나빠져서가 아니라 한국 인구 중 노인들의 비중이 커지게 되는 인구 고령화 현상이 진행되고 있기 때문입니다.

이러한 조사망률의 문제를 해결하는 것이 기대수명(life expectancy)인데, 이는 연령별 사망률을 바탕으로 만들어지는 것이라 인구의 연령구조에 의해 영향을 받지 않습니다. 이 통계는 특정 연령에 도달한 사람이 앞으로 얼마나 많은 여생을 살 수 있을 것인가를 나타내는 것이라고 보면 됩니다. 특히 태어나자마자 살 수 있는 기간을 기대수명이라고 하는데 [le0]가 이 기대수명을 보여주고 있습니다. 기대수명에 대한 앞의 결과를 보면 1970년부터 2014년까지(2015년 자료는 결측치라는 것을 상기합시다) 평균 기대수명이 72.0년이고, 가장 낮았을 때는 61.9년이었으며, 가장 높았을 때가 82.4년이었습니다. 독자 여러분의 다수가 20대라는 것을 감안하면 여러분은 앞으로 적어도 60년은 더 살 수 있을 것으로 판단됩니다.

[tfr]은 합계출산율이라고 번역되며, total fertility rate의 약자입니다. 이는 주어진 해의 연령별 출산율이 앞으로 지속한다면 여성 한 명이 전 생애 기간에 걸쳐 얼마나 많은 자녀를 낳은

것인가를 보여주는 값입니다. 출산율이 가장 높았던 해에는 합계출산율이 4.5의 수준이었는데 이는 여성 한 명이 4.5명을 낳았다는 것을 의미합니다. 여러분이 4.5명의 자녀를 낳는다는 것을 상상할 수 있으신가요? 하지만 가장 낮았을 때는 1.1을 기록하여, 출산력의 변동이 얼마나 컸는가를 보여주고 있습니다.

4. 객체를 탐색 경로에 붙이기: attach 명령어

지금까지 계속해서 특정 객체의 변수를 사용하기 위해서 $ 표시를 사용했습니다. 예를 들어 [ndemog]이라는 객체에 있는 [year]라는 변수를 [ndemog$year]로 나타냈습니다. 하지만 우리가 당분간 사용할 객체는 [ndemog] 하나뿐이기 때문에 [ndemog$]을 계속 붙여주는 것이 매우 귀찮습니다. 이를 없애주는 방법은 [attach]라는 명령어를 사용하여 [ndemog$year]이라고 쓰지 않고 단순히 [year]라고 써도 R이 이를 인식할 수 있도록 만드는 것입니다.

[attach]는 앞서 배우 디렉터리를 바꾸는 것과 유사한 맥락에서 이해할 수 있습니다. 즉 변수를 찾는 경로를 짧게 만드는 것이죠. 이 명령어가 왜 [attach]인가 하면, R이 [ndemog$year]를 찾을 때 [ndemog]이라는 객체를 탐색 경로(search path)에 붙여(attach) 놓으면 굳이 [ndemog$]이라는 부분을 적지 않아도 그 객체에 있는 변수들 이름만 적어도 R이 알아서 변수를 자동으로 사용하기 때문입니다. 다음에 적은 두 개의 명령어를 실행해 보도록 합시다.

표 6-6 객체를 탐색 경로에 붙이기

```
> attach(ndemog)
> summary(year)
   Min. 1st Qu.  Median    Mean 3rd Qu.    Max.
   1970    1981    1992    1992    2004    2015
```

먼저 [ndemog]이라는 객체를 탐색 경로에 붙여 놓고, 두 번째 명령어에서는 [ndemog$]이라는 부분을 빼고, 변수 이름인 [year]를 사용하여 그 변수의 요약 통계를 보여주도록 하였습니다. 그 결과와 앞에서 본 [year] 변수의 기초 통계를 비교해 보면 동일하다는 것을 알 수 있습니다.

[attach] 명령어와 관련하여 두 가지 문제가 있습니다. 우선 단순히 변수 이름만을 적어서 변숫값을 바꾸었을 때, 원래 객체에 있는 변수의 값도 바뀌는가의 문제가 있습니다. 이는 반대로 생각했을 때, $ 표시를 사용하여 원래 객체의 변숫값을 바꾸었다면, 탐색 경로에 있는 변수의 값도 바뀌는가의 문제와 같은 것입니다. 정답은 그렇지 않다는 것입니다. 즉 둘 중 하나의 값을 바꾼다고 해서 다른 쪽의 값이 바뀌는 것이 아니라 각각의 독립적인 객체의 특성을 보이게 된다는 것입니다. 이런 의미에서 [attach]는 동일한 변수를 사용하게 해주는 것이 아니라, 한 객체에 있는 변수를 따로 분리해서 독립적인 객체를 만든 후 탐색 경로에 붙이는 것입니다. 다음과 같은 명령어를 사용해 이를 확인해 보도록 합시다.

표 6-7 [attach]로 생성된 독립적 객체 확인

```
> year[length(year)] <- 10000
> summary(year)
   Min. 1st Qu.  Median    Mean 3rd Qu.    Max.
   1970    1981    1992    2166    2004   10000
> summary(ndemog$year)
   Min. 1st Qu.  Median    Mean 3rd Qu.    Max.
   1970    1981    1992    1992    2004    2015
```

처음 명령문으로 탐색 경로에 붙어 있는 [year] 변수의 마지막 사례 값을 10,000으로 바꾸었습니다. 그런 후 그 변수의 기초 통계를 보면 최댓값이 10,000인 것을 봅니다. 하지만 원래 [ndemog] 객체에 있는 [year] 변수의 기초 통계 중 최댓값이 여전히 2015로 남아 있습니다. 이는 탐색 경로에 있는 [year] 변수와 [ndemog]에 있는 [year] 변수가 동일하지 않은 독립적인 객체라는 것을 의미합니다. 따라서 [ndemog]에 있는 원래 변수의 값을 바꾸어 주고 싶다면, $ 표시를 사용하여 바꾸어 주어야 합니다. 만약 이렇게 바꾸어 주면, [attach]되어 있는 변수의 값은 변하지 않는다는 것을 확인해 보시기 바랍니다.

여기서 여러분이 [> ls()]라는 명령문을 사용하여 작업 공간에 어떤 객체들이 있는지 살펴보면 [year]라는 객체가 있다는 것을 보게 됩니다. 즉 [attach]되어 있는 변수를 변환시키면 그 변수가 하나의 독립적인 객체로 만들어진다는 것입니다. 하지만 다른 변수들은 변환시키지 않았기 때문에 독립적인 객체로 나타나지는 않는다는 것을 알 수 있습니다. 따라서 [attach]

라는 명령어는 변수를 변환시키기 전에는 완전히 독립적인 객체라고 볼 수는 없는 독특한 특성을 보이도록 만드는 명령어로 이해할 수 있습니다.

[attach]와 관련된 두 번째 문제는 하나의 객체를 [attach]한 후 그 객체의 변수와 동일한 변수 이름을 지닌 다른 객체를 [attach]하면 어떻게 되느냐의 문제입니다. 예를 들어 이미 [ndemog]을 [attach]한 상태이기 때문에 [year], [cdr], [tfr], [marn], [le0] 변수를 $ 표시 없이 사용할 수 있습니다. 그런데 다른 객체를 [attach]했는데 그 객체에, 예를 들어 [year]라는 변수가 들어 있었다면 어떻게 될까요? 우리가 단순히 [summary(year)]라는 명령어를 사용하여 기초 통계를 보면 처음 객체의 [year]에 대한 결과가 나올까요? 아니면 새로 붙여 넣은 객체의 [year]에 대한 결과가 나올까요?

표 6-8 동일한 변수 이름을 가진 새로운 객체의 attach

```
> alt <- NULL
> alt$ord <- 1:length(year)
> alt$year <- 1:length(year)
> attach(alt)
The following object is masked _by_ .GlobalEnv:

    year

The following object is masked from ndemog:

    year

> summary(ord)
   Min. 1st Qu.  Median    Mean 3rd Qu.    Max.
   1.00   12.25   23.50   23.50   34.75   46.00
> summary(year)
   Min. 1st Qu.  Median    Mean 3rd Qu.    Max.
   1970    1981    1992    2166    2004   10000
```

첫 세 명령어는 [alt]라는 객체를 만들되 그 객체는 [ord]와 [year]라는 변수를 가지고 있고, 이 두 변수는 동일한 변숫값을 갖는데, 그 변숫값은 1부터 1씩 증가하되 원래 [year] 변수 크기만큼 커져서 동일한 사례 수(혹은 length)를 갖도록 하였습니다. 그다음 [attach] 명령어를 사용하여 탐색 경로에 붙여넣으려고 하니 두 개의 메시지가 뜹니다. 첫 번째 것은 탐색 경로에

[year]라는 객체가 있다는 것이고, 두 번째 것은 이 객체가 [ndemog]이라는 객체로부터 왔다는 것을 의미합니다. 그다음 명령문에서 [ord]라는 변수 이름만을 사용하여 기초 통계를 살펴보았더니, 최솟값이 1이고 최댓값이 46입니다. 이는 우리가 만들고자 했던 변수의 기초 통계와 같은 결과입니다. 이는 [alt]라는 객체가 [attach]되었다는 것을 의미합니다.

그런데 마지막 명령문에서 [year]라는 변수의 기초 통계를 보았더니, 이전에 탐색 경로에 붙여넣은 변수의 기초 통계가 나오는군요. 네, 그렇습니다. 동일한 변수 이름을 가진 객체를 [attach]하면 새로 [attach]하는 객체의 동일한 이름의 변수는 [attach]가 안 되지만, 다른 변수들은 [attach]가 된다는 것입니다. 동일한 이름을 가진 변수의 관점에서 본다면, 한 번 그 이름을 가진 변수가 [attach]되면 그 이후에 같은 이름을 가진 변수를 포함한 객체를 [attach]하고자 해도 원래 것으로 그대로 유지된다는 것입니다.

만약 새로운 객체에 있는 변수를 [attach]하고 싶다면 우선 이전 객체를 [detach]하고 새로운 객체를 [attach] 할 수 있습니다.

표 6-9 [detach] 후 [attach]

```
> detach(ndemog)
> detach(alt)
> rm(year)
> attach(alt)
> summary(year)
   Min. 1st Qu.  Median    Mean 3rd Qu.    Max.
   1.00   12.25   23.50   23.50   34.75   46.00
```

이미 [ndemog]과 [alt]를 [attach]했기 때문에 이 두 객체를 [detach]했습니다. 그런 후 세 번째 명령어에서 [year]라는 객체를 작업 공간에서 제거했습니다. 앞에서 언급한 것처럼 [attach]된 객체의 변수를 변환시키면 새로운 객체로 생성되기 때문에 [year] 객체가 만들어져 있고, 이 상태에서 [alt]를 [attach]하면 동일한 이름으로 인한 문제가 생기게 되어 우선 [year] 객체를 제거했습니다. 그리고 [alt]를 [attach]하고 [year]의 기초 통계를 살펴보았더니 [alt]에 있는 [year] 변수의 기초 통계를 보여줍니다. 이렇게 동일한 이름을 가진 변수를 포함하는 새로운 객체를 [attach] 해 주고 싶다면 이전 객체는 [detach]를 할 필요가 있습니다.

작업을 많이 하다 보면 어떤 객체를 [attach]하고 어떤 객체를 [attach]하지 않았는지 잊어먹게 마련입니다. 그렇다면 어떤 객체들이 [attach]되어 있는지 어떻게 알 수 있을까요? 이때 [search]라는 명령어를 사용할 수 있습니다.

표 6-10 탐색 경로 보기

```
> search()
 [1] ".GlobalEnv"        "alt"               "package:stats"
 [4] "package:graphics"  "package:grDevices" "package:utils"
 [7] "package:datasets"  "package:methods"   "Autoloads"
[10] "package:base"
```

[search] 명령어를 실행하였더니, 두 번째에 [alt]라는 객체가 있는 것을 봅니다. 이미 [ndemog]은 앞서 [detach]하였기 때문에 경로에서 없어진 것을 봅니다. 처음에 나오는 [.GlobalEnv]는 여러분이 현재 일하고 있는 작업 공간을 의미한다고 생각하시면 됩니다.

지금까지 살펴본 것처럼 [attach]라는 명령어는 사용하기에 주의해야 할 여러 요소를 안고 있습니다. 물론 객체의 이름까지 사용하지 않고 변수의 이름만을 사용해도 된다는 점에 있어서 이 명령어는 매우 일을 편하게 할 수 있도록 도와주는 명령어입니다. 하지만 여러 가지 생각해야 할 점들이 있으므로 주의해서 사용해야 할 명령어이기도 합니다. [attach]라는 명령어를 사용하는 것에 대한 저의 권고는 자료를 정리하는 과정에서는 절대 사용하지 말라는 것이고, 완전한 분석 자료가 만들어져서 변숫값을 바꿀 필요가 없을 때만 사용하라는 것입니다. 분석 자료를 완전히 만들었다는 판단을 내릴 수 있는 것은 그때그때 상황에 따라 달라져서 일반적으로 말할 수 없어서 다양한 경험을 통해 결정할 수밖에 없는 것 같습니다.

이제 [alt]는 [detach]하고 [ndemog]은 [attach]하여 [ndemog]에 있는 변수를 활용하기 쉽게 만들어 본 후 다음으로 넘어가도록 합시다.

표 6-11 [ndemog] attach

```
> detach(alt)
> attach(ndemog)
```

5. 범주형 변수의 기초 통계

앞서, [summary]라는 명령어를 활용하여 변수의 기초 통계를 한눈에 보는 것을 배웠습니다. 이제 보다 구체적으로 들어가서 더 많은 기초 통계를 보는 명령어들을 배워 보도록 하겠습니다. 우선 변수가 범주형인 경우 살펴보는 통계를 배워보겠습니다.

범주형 변수의 통계 중 가장 많이 사용되는 것은 범주별 사례 수와 비율일 것입니다. 범주별 사례 수는 이미 앞서도 살펴본 바 있는 [table]이라는 명령어를 활용하면 됩니다.

표 6-12 **범주별 사례 수 보기**

```
> table(year_c, useNA="ifany")
year_c
 0  1  2  3  4
10 10 10 10  6
```

그 결과를 보면 0이라는 범주 혹은 1970년대에 10개의 사례가 1이라는 범주 즉 1980년대에 10개의 사례가~ 등이 있는 것을 봅니다. [useNA="ifany"]라는 옵션을 주어서 결측값이 있으면 그 결측값의 사례 수도 보여주라고 했으나 결측값이 없어서 그 범주의 사례 수는 나오지 않은 것 또한 눈여겨보시기 바랍니다.

표를 만들 때는 항상 전체 합 또한 보여주는 것이 일반적입니다. 그러므로 전체 합을 볼 수 있는 결과를 만들고 싶습니다. 이 경우 [addmargins] 명령어를 실행하면 됩니다.

표 6-13 **가장자리 분포 보기**

```
> addmargins(table(year_c, useNA="ifany"))
year_c
  0   1   2   3   4 Sum
 10  10  10  10   6  46
```

위의 명령어 중 margin이라는 용어는 합이 표의 맨 가장자리에 위치하기 때문에 사용되는 용어입니다.

사례 수가 아니라 범주의 비율을 보고 싶다면 [prop.table] 명령어를 사용하면 됩니다.

표 6-14 비율 분포 보기

```
> addmargins(prop.table(table(year_c, useNA="ifany")))
year_c
        0         1         2         3         4       Sum
0.2173913 0.2173913 0.2173913 0.2173913 0.1304348 1.0000000
```

위의 명령어에서 비율을 보여주는 것에 더해 합이 1이 되는 것을 보여주기 위해 [addmargins] 이라는 명령어 안에 [prop.table]이라는 명령어를 사용한 것을 볼 수 있습니다.

이제 두 범주형 변수의 연관(association)을 보는 표를 만들어 보도록 합시다. 연관이 무엇을 뜻하는지 기억하시나요? 통상 한 변수의 변숫값이 변할 때 다른 변수의 분포가 변하면 우리는 두 변수 사이에 연관이 있다고 이야기합니다. 여기에서는 연도에 따른 출산율의 변화를 살펴보도록 하겠습니다. 즉 연도가 변하면 출산율의 분포가 변하는가가 우리의 관심입니다. 이 부분에서 연도는 설명 변수가 되고 출산율은 종속 변수가 되는 것으로 가정하고 있다는 것을 말씀드립니다. 우선 이 두 변수의 사례 분포를 보도록 하겠습니다.

표 6-15 연도에 따른 출산율 분포

```
> addmargins(table(year_c, tfr_c, useNA="ifany"))
      tfr_c
year_c llf repl high Sum
   0     0    0   10  10
   1     0    7    3  10
   2     0   10    0  10
   3     9    1    0  10
   4     6    0    0   6
   Sum  15   18   13  46
```

위의 표에서 보면 연도 변수가 행으로 이루어져 있고 출산율 변수가 열로 이루어져 있는 것을 봅니다. 두 범주형 변수의 관계를 살펴볼 때, 설명 변수의 값은 행으로 나타내고 종속 변수의 값은 열로 나타내는 일반적인 관행을 따랐습니다. 위의 명령어를 보면 [table]이라는 명령어 안에 처음 넣은 변수 이름이 설명 변수 혹은 행으로 오는 변수이고, 두 번째 오는 변수 이름이 종속 변수 혹은 열로 오는 변수라는 것을 알 수 있습니다. 그리고 [addmargins]라는 명령어를 사용하여 가장자리 분포 또한 보여주었습니다.

이 표를 보면 전체적으로 오른쪽 위에서 왼쪽 아래로 가는 대각선 셀에서 사례들이 있고 그 외에는 사례들이 없는 것으로 보아 최근 연도로 올수록 저출산이 심화하였다는 것을 알 수 있습니다. 하지만 이렇게 사례 수로 보면 가장자리에 있는 사례 수에 커지면 특정 행의 셀에 있는 값들이 커지는 경향이 있으므로 각 행의 가장자리를 1로 정해 놓고 행 내에서 분포를 보는 조건부 (비율) 분포를 보는 것이 더 정확한 연관을 보는 방법입니다. 이를 보기 위해 다음의 명령어를 실행해 보도록 합시다.

표 6-16 연도에 따른 출산율 비율 분포

```
> addmargins(prop.table(table(year_c, tfr_c, useNA="ifany"), margin=1))
      tfr_c
year_c llf repl high Sum
    0   0.0  0.0  1.0 1.0
    1   0.0  0.7  0.3 1.0
    2   0.0  1.0  0.0 1.0
    3   0.9  0.1  0.0 1.0
    4   1.0  0.0  0.0 1.0
    Sum 1.9  1.8  1.3 5.0
```

위의 결과에서는 주어진 행의 합이 1이 되도록 만들고 각 행의 분포를 보기 때문에 연도의 변숫값이 변하면 출산율 각 범주의 비율 혹은 그 분포가 어떻게 변하는지 쉽게 볼 수 있습니다. 예를 들어 1970년대에는 모든 사례가 대체출산율 초과 수준을 기록하였으나 최근에 올수록 그 비율이 낮아져서 1990년대 이후에는 그 비율이 0으로 나타나고 있습니다. 이에 반해 초저출산은 1990년대까지 0의 비율을 보여주었으나 2000년대와 2010년대에 그 비율이 증가하여 최근에 올수록 더 많은 비율을 보입니다. 이러한 분포를 통해 최근 연도로 올수록 대체출산율 초과 사례가 없어지지만, 초저출산이 등장하고 강화되었다는, 누구나 알고 있는 일반적인 결론을 끌어낼 수 있습니다.

이러한 결론은 연도와 출산율 사이에 연관이 있다는 것을 보여줍니다. 즉 연도의 값이 변하면 출산율의 분포가 변하고 있는 것입니다. 만약 두 변수 사이에 연관이 없다면 연도의 변수가 변할 때, 출산율의 분포가 변하지 않고 동일해야 합니다. 하지만 여기에서 살펴본 연도와 출산율의 관계에 있어 연도의 변숫값이 변할 때 출산율의 분포가 달라지기 때문에 두 변수 사이에 연관이 있다고 말할 수 있는 것입니다.

이제 여러분들은 한 범주형 변수의 분포를 볼 수 있을 뿐 아니라, 두 범주형 변수의 분포에 더해 두 변수 사이에 연관이 있는지 판단할 수 있는 통계도 뽑아 볼 수 있게 되었습니다!!!

일곱 번째 주 week 7

양적 변수의 통계와 두 변수 간 연관

- R의 반올림 방법을 언급한 후 양적 변수의 기초 통계를 뽑아 본다.
- 두 변수의 연관(association)을 보는 기초 통계를 배운다.
- 두 변수가 연관되어 있지 않다는 영가설을 검정하는 방법을 소개한다.

1. R의 반올림

이 책의 초고를 사용하여 수업할 때, R의 사용과 관련하여 매우 중요한 질문이 있었습니다. 왜 [year] 변수의 [summary]에서 평균이 [mean]을 활용한 결과와 다르게 나온 것일까요? Googling을 하면서 이에 대한 해답을 찾다가 R이 반올림을 하는 데 있어서 우리가 아는 것과 다른 방법을 사용한다는, 매우 중요한 부분을 알게 되어 무엇보다 우선 이 부분을 설명하고자 합니다.

이 부분을 설명하기 위해 우선 여러분은 [ndemog]이라는 객체를 R로 가져온 다음 [year_c]와 [tfr_c] 변수를 만들고, [ndemog]을 [attach]한 상태이어야 합니다. 이제 다음의 두 명령어를 실행해 봅시다.

표 7-1 [summary] 평균과 [mean] 평균의 차이

```
> summary(year)
   Min. 1st Qu.  Median    Mean 3rd Qu.    Max.
   1970    1981    1992    1992    2004    2015
> mean(year)
[1] 1992.5
```

위의 결과를 보면 [summary]에서 평균은 1992이지만 [mean]을 사용한 평균은 1992.5입니다. 이런 결과가 나온 것은 [summary]가 소수점을 포함한 숫자를 보여줄 때 4개의 숫자를 보여주도록 프로그램되어 있기 때문입니다. 위에서는 [year]의 평균이 1992.5이지만 4개의 숫자를 보여주는 과정에서 마지막 숫자인 소수점 첫째 자리를 반올림하여 1992로 보여주고 있습니다. [summary]라는 명령어에 [digits]이라는 옵션을 주어 더 많은 숫자를 보여줌으로써 [mean]과 같은 결과를 보여줄 수 있습니다.

표 7-2 [digits] 옵션

```
> summary(year, digits=6)
   Min. 1st Qu.  Median    Mean 3rd Qu.    Max.
1970.00 1981.25 1992.50 1992.50 2003.75 2015.00
```

위의 결과에서는 [digits=6]이라는 옵션을 사용함으로써 의미 있는 숫자(significant digit) 6개를 보여주도록 하였습니다. 그 결과를 보니 [mean]으로 얻은 값과 같은 값이라는 것을 알 수 있습니다. 이 [digits]이라는 옵션은 숫자를 보여주는데 다양하게 사용될 수 있으니 알아두면 많은 도움이 될 것으로 생각됩니다.

그러나 여전히 의문점이 있습니다. 왜 1992.5를 반올림(rounding)했는데 1992가 나온 것일까요? [?round]라는 명령어를 사용하여 [round] 함수에 대한 설명 파일을 위에서 읽어 내려가다 보면 Details라는 부분의 두 번째 문단에 다음과 같은 설명이 있습니다.

Note that for rounding off a 5, the IEC 60559 standard is expected to be used, 'go to the even digit'. Therefore round(0.5) is 0 and round(-1.5) is -2. However, this is dependent on OS services and on representation error (since e.g. 0.15 is not represented exactly, the rounding rule applies to the represented number and not to the printed number, and so round(0.15, 1) could be either 0.1 or 0.2).

이 내용을 간단히 번역하면, "5라는 값을 반올림할 때는 IEC 60559 표준에 따라 가장 가까운 짝수의 값을 취하지만 운영체계에 따라 달라질 수 있다"는 정도가 되겠네요. 우리의 맥락에서 1992.5의 값을 정수로 반올림하면 가장 가까운 짝수는, 1993은 홀수이기 때문에 해당이 안 되고, 1992입니다. 그래서 [summary]에서 1992의 값을 보여준 것입니다. 여러분들은 [> round(0.5)], [> round(1.5)]의 결과를 살펴보면서 앞의 설명이 무엇을 뜻하는지 더 확인할 수 있습니다. 자 이제 우리는 R의 새로운 특성을 알게 되었는데, 반올림할 때 5의 값은 학교에서 배웠던 것처럼 올림을 하는 것이 아니라, 가장 가까운 짝수를 취한다는 것입니다. 이 문제에 대한 더 많은 정보는 다음의 웹페이지(http://theobligatescientist.blogspot.kr/2010/02/r-i-still-love-you-but-i-hate-your.html/)에서 확인하세요.

2. 양적 변수의 기초 통계

[summary] 명령어를 사용하여 양적 변수의 기초 통계를 보면, 5개 요약 값(five number summary)인 최솟값과 최댓값, 첫 번째부터 세 번째 4분위 수에 더해 평균을 제시합니다. 이제 이러한 값들을 구할 수 있는 명령어를 살펴보도록 하겠습니다. 우선 5개 요약 값을 볼 수 있는 명령어는 [quantile]이라는 명령어입니다.

표 7-3 작업 디렉터리 바꾸기

```
> summary(year)
   Min. 1st Qu.  Median    Mean 3rd Qu.    Max.
   1970    1981    1992    1992    2004    2015
> quantile(year)
     0%     25%     50%     75%    100%
1970.00 1981.25 1992.50 2003.75 2015.00
```

위의 결과를 비교해 보면 [summary]는 4개의 유의한 숫자(significant digit)를 보여주고, [quantile]은 6개의 유의한 숫자를 보여주게 되어 있다는 점에서 약간의 차이를 발견할 수 있습니다. 하지만 [quantile]로 뽑아낸 값을 4개의 유의한 숫자로 표현하면 [summary]로 얻은 값들과 같다는 점에서 아무런 문제는 없습니다.

[quantile]이라는 명령어는 분위 수라는 한국어 번역이 암시하듯이 작은 값부터 큰 값을 일렬로 세운 후 동일한 사례 수를 가진 집단으로 나누었을 때 각 집단을 나누는 값을 보여주는 일반적인 명령어입니다. 예를 들어 4분위 수인 quartile는 모든 사례를 작은 값부터 큰 값의 순서대로 4개의 집단으로 나누되 각 집단이 동일한 사례 수를 가지고 있어야 하며, 이때 집단들을 나누는 값은 세 개가 존재하고 작은 값부터 큰 값의 순서로 첫번째 사분위 수, 두번째 사분위 수, 세번째 사분위 수가 되는 것입니다. 중간값인 median은 두 집단으로 나눌 때 기준이 되는 수인 것이지요. 백분위 수인 percentile은 100개의 집단으로 나누었을 때 기준이 되는 99개의 숫자인 것입니다. 중간값이나 4분위 수, 백분위 수 모두 quantile의 일종이라고 보시면 됩니다.

R에서 [quantile]은 이러한 것들을 볼 수 있는 일반적인 명령어이고, 초기설정으로 4분위 수를 포함하는 5개 요약 값을 보여주도록 프로그램을 해 놓았습니다. 만약 여러분이 작은 값부터 큰 값으로 나열했을 때, 특정한 비율에 있는 값을 보고 싶다면 그 비율의 값을 옵션으로 주면 됩니다. 예를 들어 [> quantile(year, probs=0.5)]이라고 하면 중간값이 나오게 됩니다. 또한 [> quantile(year, probs=0.1)]이라고 하면 첫 번째 10분위 수(quintile)가 나오게 됩니다. 만약 여러분들이 10분위 수 모두를 보고 싶다면 어떻게 하면 될까요? 네, [>quantile(year, probs=1:10*0.1)]이라고 하면 됩니다. 모든 백분위 수를 보고 싶다면? 이것까지 정답을 알려주면, 제가 여러분을 무시하는 것이라 그냥 넘어가도록 하겠습니다. 눈치 채신 것처럼 10분위 수를 구할 때 명령어를 응용하면 쉽게 구할 수 있습니다.

사실, 통계 패키지마다 분위수를 구하는 방식이 다르기에 R에서는 어떻게 구하는지 알아둘 필요가 있습니다. [> ?quantile]이라는 명령어를 실행해 보면 분위수를 구하는 아홉 가지 방법을 소개하고 [type]이라는 옵션을 통해 그 모든 방법을 사용할 수 있다는 소개를 하고 있습니다. 이 모든 것을 여기서 자세하게 다룰 수는 없어 기본적인 개념만을 소개하고자 합니다. 예를 들어 [1, 2, 3]이라는 값이 있을 때 중간값은 2라는 것은 쉽게 알 수 있습니다. 이제 [1, 2, 3, 4]의 값이 있다면 중간값은 얼마일까요? 2라고 할 수도 있고, 3이라고 할 수도 있고 2와 3 사이의 어떤 값이라고 할 수도 있겠습니다. [> quantile(1:4, 0.5)]라는 명령어를 사용하여 R의 초기설정 결과를 보면 2.5라는 값이 나오지만, [> quantile(1:4, 0.5, type=3)]라는 명령어를 통해 통계 패키지 SAS에서 구하는 값을 보면 2라고 나옵니다. R은 가운데 값이 2와 3의 중간에 위치한다는 것을 파악한 다음 둘의 중간이기 때문에 양쪽 값에 0.5의 가중치를 주어 값을 구했지만, SAS는 분위와 가장 가까운 값 중 짝수 번째 값, 즉 두 번째 값인 2를 선택한 것입니다.

다른 방법들은 가중 값을 어떻게 줄 것인가 혹은 분위와 가까운 값을 선택할 때, 앞의 값을 선택할 것인가 뒤의 값을 선택할 것인가의 문제와 관련되어 있다고 생각하시면 됩니다. 중요한 것은 [quantile] 명령어에는 모든 유형을 구할 수 있도록 옵션이 있기에 특정한 유형이 필요하면 그것을 사용하면 된다는 것입니다. 또 특정하게 요구되는 유형이 없다면 초기설정으로 되어 있는 방법을 사용하고, 글의 어딘가에 이 분석은 R을 사용했다는 것을 적어 놓으면 독자들이 알아서 판단할 것입니다.

이제 [le0]의 분위값들을 볼까요?

표 7-4 결측값이 있을 때 오류

```
> quantile(le0)
Error in quantile.default(le0) :
  missing values and NaN's not allowed if 'na.rm' is FALSE
```

어, [le0]의 분위값들을 보고자 했으나 오류가 났네요. 그 오류 메시지를 읽어보면, 결측값 즉 NA값이 있고, 기초 설정으로 되어 있는 [na.rm=FALSE]이면 문제가 있다는군요. [le0]의 2015년 값이 NA였다는 것을 기억하시나요? 그래서 이 명령어는 오류가 났습니다. 이 문제를 제거하기 위해 다음과 같은 명령어를 사용해 봅시다.

표 7-5 결측값 제거 후 분석

```
> quantile(le0, na.rm=TRUE)
   0%   25%   50%   75%  100%
61.93 66.19 72.21 77.44 82.40
```

이제 오류가 뜨지 않습니다. 위에서 옵션으로 적은 [na.rm=TRUE]는 결측값(NA)을 제거(remove)하고 분석을 진행하라는 옵션입니다. 앞으로 여러분이 어떤 명령어를 사용했을 때 NA 관련 오류가 나면 [na.rm=TRUE]라는 옵션을 주고 명령어를 실행해 보시기 바랍니다.

[quantile]이라는 명령어는 최솟값과 최댓값을 보여주지만 따로 최댓값과 최솟값을 보고자

한다면 각각 [max]와 [min]이라는 명령어를 사용할 수 있다는 것도 알아두면 나중에 도움이 될 것입니다. 이런 명령어들은 너무 쉬워서 여기서 상세히 다루지는 않겠습니다.
양적 변수의 기초 통계로 가장 많이 사용되는 것 중의 하나가 평균과 표준편차일 겁니다. 이미 익히 아시는 것처럼 평균은 [mean]이라는 명령어를 사용하여 구합니다. 표준편차는 [sd]라는 명령어를 사용하면 됩니다. [year]라는 변수의 평균과 표준편차를 구하면 다음과 같습니다.

표 7-6 평균과 표준편차

```
> mean(year)
[1] 1992.5
> sd(year)
[1] 13.42262
```

이때 주의할 것은 표준편차를 구할 때, 사례 수로 나누어주는 것이 아니라 사례 수에서 1을 뺀 값으로 나누어준다는 것입니다. 즉 X라는 변수의 표준편차는 $\sqrt{\frac{\sum_{i=1}^{n}(X_i-\overline{X})^2}{n-1}}$라는 공식을 사용합니다. 기초 통계를 배운 독자분들은 분모로 $n-1$을 사용하는 이유가 표본을 통해 모집단 표준편차를 추정할 때, 평균을 구하기 위해 하나의 자유도를 사용하기 때문이라는 설명을 기억하실 겁니다. 만약 독자분들이 모집단 자료를 사용하고 있고 분모로 $n-1$이 아닌 n으로 사용해야 한다면, 위에서 제시한 명령어를 이용하여 [> sd(year)*sqrt((length(year)−1)/length(year))]로 쉽게 구할 수 있을 겁니다. 그렇다면 [le0]가 모집단이라는 가정에 따라 표준편차를 구하는 명령어를 만드실 수 있으시나요?

3. 두 변수의 관계에 관한 기초 통계

두 변수 사이에 연관이 있는지 그렇지 않은지를 볼 때 이 두 변수가 어떻게 측정되어 있는지를 구분하는 것이 중요합니다. 변수의 측정은 범주(categorical)형 변수인지 양적(quantitative) 변수인지로 구분할 수 있고 두 변수는 설명 변수인지 종속 변수인지로 구분할 수 있으므로 각 유형에 따라 네 가지의 구분이 생기고, 각 상황에 따라 사용하는 기초 통계는 다음과 같이 나타낼 수 있습니다.

표 7-7 변수 유형에 따른 두 변수 상관에 관한 기초 통계

		종속 변수 범주형	양적
설명 변수	범주형	– 집단별 비율 비교	– 집단별 평균 비교
	양적	– 설명 변수를 범주화한 후 집단별 비율 비교	– 설명 변수의 범주화한 후 집단별 평균 비교 – 상관계수 – 최소제곱법 단순 회귀 계수

설명 변수와 종속 변수가 모두 범주형 변수인 경우는 설명 변수의 집단에 따라 종속 변수의 조건부 비율이 어떻게 변하는지 살펴보면 됩니다. 그러면 설명 변수의 범주가 변하면서 종속 변수의 분포가 달라지는지 확인할 수 있으므로 연관(association)이 있는지 볼 수 있습니다. 설명 변수가 양적이지만 종속 변수가 범주형인 경우는 상당히 까다롭지만, 저는 설명 변수를 범주화한 후 이 범주에 따라 종속 변수의 비율이 어떻게 달라지는지 보기를 권합니다. 양적 변수를 범주화하는 것과 설명 변수의 범주에 따른 종속 변수의 조건부 비율을 보는 것은 지난 시간에 한 것이기 때문에 여기서 더 이상 다루지는 않겠습니다.

이제 설명 변수가 범주형이고 종속 변수가 양적일 때 사용하는 (설명 변수의) 집단별 평균 비교에 대해 살펴봅시다. 사실 이 부분도 우리가 이미 배운 명령어로 살펴볼 수 있습니다. [print]는 결과를 보여주라는 명령어라는 것을 알려드리면, 다음의 명령어가 어떻게 작동하는지 이해하시겠습니까?

표 7-8 반복실행을 사용한 집단별 평균

```
> for (i in 0:4) print(mean(tfr[year_c==i]))
[1] 3.599
[1] 1.946
[1] 1.5936
[1] 1.2054
[1] 1.233167
```

[year_c]라는 변수는 0부터 4의 값을 가지는데 1970년대부터 2010년대까지를 나타내는 변수

입니다. 따라서 위에서 사용한 것은 [year_c]가 0부터 4까지 각각의 값을 가질 때 [tfr]의 평균을 보여주는 명령어입니다.

하지만 통상 범주형 변수의 범주가 위의 경우처럼 0부터 정수의 값을 갖는 경우는 거의 없어서 더 일반적인 명령어를 배우고자 합니다. 다음의 명령어를 실행해 보도록 합시다.

표 7-9 [tapply]를 사용한 집단별 평균

```
> tapply(tfr, year_c, mean)
       0        1        2        3        4 
3.599000 1.946000 1.593600 1.205400 1.233167 
```

위의 명령어는 [tapply]인데, 이 안에 양적 종속 변수가 먼저 오고, 다음으로 범주형 설명 변수가 오고, 마지막으로 사용하고자 하는 함수가 왔습니다. 다시 말하면 [tapply]는 특정한 명령어를, 이 경우는 [mean]이라는 명령어를 [year_c]라는 변수의 범주 값에 따라 [tfr]에 적용한 것입니다. 따라서 [tapply]는 매우 일반적으로 사용될 수 있어, 범주에 따른 [sd]를 또 [quantile]을 구할 수도 있는 것입니다.

이런 방식으로 범주형 설명 변수에 따라 양적 종속 변수의 평균이 어떻게 변하는지 살펴볼 수 있습니다. 위의 결과를 보면, 최근 연도로 올수록 [tfr]이 떨어졌는데, 2010년대에는 2000년대에 비해서 약간 오른 것을 볼 수 있습니다. 뭐, 그리 놀랍지 않은 결과라 통계 수업에서나 활용할 만한 것이네요.

마지막으로 설명 변수와 종속 변수 모두가 양적인 경우 설명 변수를 범주화한 후 집단별 평균 비교를 해 보거나, 상관계수를 구하거나, 최소제곱법 단순 회귀계수를 살펴볼 것을 권하고 있습니다. 위의 표에 적어 놓지는 않았지만 두 변수를 모두 범주화한 후 설명 변수의 범주에 따른 종속 변수의 비율 비교도 좋은 방법이라고 말씀드리고자 합니다. 이제 아직 다루지 않은 상관계수를 보는 명령어를 배워보도록 하죠. 최소제곱법 단순 회귀계수는 최소제곱법을 다루는 시간에 더 설명하기로 하고, 여기서 단순 회귀계수는 설명 변수가 하나일 때 그 설명 변수에 놓여 있는 회귀계수를 의미한다는 것만 언급하도록 합시다.

원래 자료를 만든 목적에 맞게 [cdr]과 [tfr]의 상관계수는 다음과 같은 명령어를 사용할 수 있습니다.

표 7-10 두 양적 변수의 상관계수

```
> cor(cdr, tfr)
[1] 0.9128686
```

와우, 상관계수의 값이 아주 크네요. 여러분도 익히 아시는 것처럼 상관계수는 -1과 1 사이의 값을 가지며, 절댓값의 크기가 클수록 두 변수의 선형 관계가 크다는 것을 보여줍니다. 예를 들어 두 변수의 값들이 우상향 쪽으로 하나의 직선을 이루면 상관계수의 값이 1이고 우하쪽으로 하나의 직선에 놓여 있으면 -1의 값을 가지고 있습니다. 하지만 대개는 직선에 놓여 있지 않고 직선 둘레에 뭉쳐 있는 경우가 많은데 더 직선에 가까울수록 절댓값이 1에 가까워지고, 원의 형태를 이룰수록 0의 값에 가까워집니다. 그런데 문제는 상관계수는 선형의 정도를 나타내기 때문에 2차 함수의 관계를 보이는 경우 상관계수는 0이 될 수도 있다는 것을 아실 겁니다. 그러므로 상관계수를 지나치게 신뢰하기보다는 다음에 배울 두 변수 사이의 산점도(scatter plot)를 그려보는 것이 무엇보다 중요합니다. 마지막으로 다음의 명령어를 보면 여러 변수의 상관계수도 쉽게 볼 수 있다는 것을 아실 수 있을 겁니다.

표 7-11 세 개 이상 양적 변수의 상관계수

```
> cor(cbind(cdr, tfr, le0), use="complete.obs")
           cdr        tfr        le0
cdr  1.0000000  0.9129420 -0.8738264
tfr  0.9129420  1.0000000 -0.8602908
le0 -0.8738264 -0.8602908  1.0000000
```

위의 명령문에서 [le0]의 마지막 값이 결측값이라 [use="complete.obs"] 옵션을 주어 이 사례를 제거했습니다. 이 이외에도 [use="pairwise.complete.obs"]라는 옵션도 있는데, 이는 결측값이 있는 변수와 상관계수를 구할 때는 그 결측값을 제거하고 상관관계를 구하되, 그 변수 이외의 변수들끼리 상관계수를 구할 때는 모든 사례를 사용하라는 옵션입니다. 이 두 가지가 매우 빈번히 사용되기 때문에 잘 숙지해둘 필요가 있습니다.

4. 두 변수의 관계에 관한 가설 검정

지금까지는 단순히 두 변수의 연관을 살펴보는 기술적 방법에 대해서 언급하였습니다. 즉 표본 자료의 분포만을 살펴보고 두 변수 간 연관이 있을 것 같다거나 그렇지 않다는 "감"을 얻을 수 있을 정도의 통계만 살펴본 것입니다. 예를 들어 위의 상관계수에 대한 결과에서 [cdr]과 [tfr]의 상관계수가 0.913 정도로 나타났는데, 이 상관계수는 표본에서 두 변수 간 관계를 뜻하지 그 이상의 의미는 없습니다. 사실 이러한 기술 통계가 중요하기는 하지만, 통계는 궁극적으로 표본을 활용해서 모집단의 특성을 추론하는 학문이기 때문에 두 변수의 연관을 더 깊이 살펴보기 위해서는 가설 검정에 대한 몇몇 기법들을 배울 필요가 있습니다. 이미 독자분들이 잘 아실 것처럼, 앞에서 설명했던 방식처럼 설명 변수의 유형과 종속 변수의 유형에 따라 모집단의 특성에 대한 가설을 검정하기 위해서 다음과 같은 기법들을 구분할 수 있을 것입니다.

표 7-12 변수 유형에 따른 두 변수 상관에 관한 가설 검정 기법

		종속 변수 범주형	양적
설명 변수	범주형	z-검정, χ^2-검정	t-검정, F-검정
	양적	설명 변수를 범주화한 후 z-검정, χ^2-검정	– 설명 변수를 범주화한 후 t-검정, F-검정 – 두 변수를 모두 범주화한 후 z-검정, χ^2-검정

위의 표를 보면 모집단에서 두 변수 사이의 연관에 대한 가설 검정을 하고자 하면 네 가지 정도의 검정 방법, 즉 z-검정, χ^2-검정 t-검정, 그리고 F-검정을 알고 있으면 됩니다. 여기에서는 이러한 검정 방법을 사용하기 위해서 R에서 쓸 수 있는 명령어들을 배워 보도록 하겠습니다.

우선 z-검정은 두 집단 간 비율 비교를 위해 사용하는 것으로 두 집단의 비율이 같다는 영가설 하에 검정 통곗값을 구하고, 그 검정 통곗값의 p-값 즉 유의도를 구한 후 이 유의도가 0.05보다 작으면 영가설을 기각하는 방법입니다. 이때 검정 통곗값 z는 다음과 같이 구합니다.

$$z = \frac{\hat{\pi}_1 - \hat{\pi}_2}{\sqrt{\hat{\pi}(1-\hat{\pi})(1/n_1 + 1/n_2)}} \tag{1}$$

여기서 $\hat{\pi}_1$과 $\hat{\pi}_2$는 첫 번째 집단과 두 번째 집단의 모집단 비율에 대한 추정값 즉 표본 비율이고 n_1과 n_2는 각 집단의 사례 수를 나타냅니다. $\hat{\pi}$은 두 집단을 합친 전체의 모집단 비율에 대한 추정값으로 $\hat{\pi} = (\hat{\pi}_1 n_1 + \hat{\pi}_2 n_2)/(n_1 + n_2)$로 구하게 됩니다. 이렇게 구한 z값은 표준정규분포를 따르는 것으로 알려져 있다. 따라서 이 z에 대한 p-값을 구하고 그 p-값이 적당히 작으면 영가설을 기각하게 되고, 따라서 두 집단 간 비율이 같지 않다 혹은 두 변수 사이에 연관이 있다는 결론을 내리게 되는 것입니다.

매우 애석하게도 아니면 매우 당연하게도, 이러한 z-검정을 하는 명령어가 R에는 들어 있지 않습니다. 왜냐하면 이러한 두 집단 비율에 관한 z-검정은 χ^2-검정과 똑같은 결과를 보여주기 때문입니다. 일반적으로 말해 χ^2-검정은 설명 변수나 종속 변수의 범주 수에 대한 제한 없이 두 변수가 독립이라는 것이 영가설입니다. 그렇다면 설명 변수와 종속 변수의 범주 수가 동일하게 두 개라고 한다면 이는 두 집단 간 비율 검정과 같다고 할 수 있습니다. 이런 점에서 z-검정은 χ^2-검정의 특수한 경우라고 할 수 있습니다.

앞서 말씀드린 것처럼 χ^2-검정의 영가설은 두 변수가 독립이라는 것입니다. 이러한 영가설 하에 검정 통계값 χ^2은 다음과 같이 구합니다.

$$\chi^2 = \sum_{r=1}^{R} \sum_{C=1}^{C} \frac{(O_{rc} - E_{rc})^2}{E_{rc}} \tag{2}$$

위 식에서 설명 변수의 범주 수가 R개, 종속 변수의 범주 수가 C개 있다고 가정하였다. 따라서 두 변수의 교차표로 나타나는 칸의 수는 $R \times C$개입니다. 여기서 O_{rc}는 r행의 c열에 있는 칸에서 관찰된 빈도 혹은 사례 수를 의미하고, E_{rc}는 기대 빈도 수를 의미합니다. 익히 아시는 것처럼 특정 칸의 기대 빈도는 다음과 같은 공식을 사용하게 되죠.

$$E_{rc} = \frac{\sum_{r=1}^{R} O_{rc}}{\sum_{r=1}^{R}\sum_{c=1}^{C} O_{rc}} * \frac{\sum_{c=1}^{C} O_{rc}}{\sum_{r=1}^{R}\sum_{c=1}^{C} O_{rc}} * \sum_{r=1}^{R}\sum_{c=1}^{C} O_{rc} = \frac{\sum_{r=1}^{R} O_{rc}}{\sum_{r=1}^{R}\sum_{c=1}^{C} O_{rc}} * \sum_{c=1}^{C} O_{rc} \tag{3}$$

이 식을 보면 기대 빈도는 특정 칸의 행 가장자리에 있는 비율×열 가장자리에 있는 비율×전체 사례라는 것을 알 수 있는데, 이는 행과 열의 가장자리에 있는 비율을 곱하여 기대 비율을 구한 후 전체 사례를 곱하여 기대 빈도를 얻은 것입니다. 두 변수가 독립이라면 결합 분포는 가장자리 분포의 곱으로 계산하기 때문에 특정 칸의 기대 비율은 행의 가장자리 비율×열의 가장자리 비율이 나와야 하기 때문입니다.

이런 방식으로 구한 χ^2 검정 값은 $(R-1)(C-1)$의 자유도를 가지는 χ^2 분포를 따르는 것으로 알려져 있습니다. 그래서 이 검정 값의 p-값을 구하고 그 p값이 적당히 작으면 영가설을 기각하게 되고 따라서 두 변수는 독립이 아니다. 다시 말하면 두 변수 사이에 연관이 있다는 결론을 내리게 되는 것입니다.

그런데 앞서 말씀드린 것처럼 두 집단 간 비율 비교에 관한 z-검정은 χ^2-검정의 특수한 경우라고 할 수 있는데, 이는 〈식 1〉로 얻은 통곗값에 제곱을 취하면 〈식 2〉로 얻은 통곗값과 같기 때문입니다. 또한 기초 통계 시간에 배우신 것처럼, z-분포를 따르는 변숫값을 제곱하면 그 변수는 자유도가 1인 χ^2-분포를 따르게 됩니다. 따라서 2×2 분할표 혹은 두 집단 간 비율 비교에서 z-검정은 χ^2-검정의 p-값이 동일하게 나오게 됩니다.

이런 이유로 R에서는 두 집단 간 비율 비교를 하는 z-검정 명령어가 없습니다. 다만 [prop.test]라는 명령어를 이용하여 두 집단 간 비율 비교를 할 수 있으나 이는 χ^2-검정을 활용합니다. 이를 확인하기 위해 우리의 자료로 두 범주를 지닌 두 변수를 만들어 검정을 실행해 보겠습니다.

표 7-13 두 이항 변수의 생성

```
> detach(ndemog)
> ndemog$year_c2 <- ifelse(ndemog$year<=2000, 0, 1)
> ndemog$cdr_c2 <- ifelse(ndemog$cdr<5.3, 0, 1)
> attach(ndemog)
```

위 명령어에서 새로운 이항 변수 둘을 만들기 위해 attach되어 있는 [ndemog]을 detach한 다음 [ifelse]라는 명령어를 활용하여 두 변수 [year_c2]와 [cdr_c2]를 생성하였습니다. [ifelse]라는 명령어는 세 가지 조건을 만족하여야 하는데, 첫 번째는 특정 조건이 나오고, 그다음 그 조건이 충족되면 어떤 값을 줄 것인지 적고, 마지막으로 그 조건이 충족되지 않을 때 어떤 값을 줄 것인지 정해야 합니다. [year_c2]라는 변수를 만들 때 [year]라는 변수가 2,000보다 작거나 같으면 0의 값을 주고, 그렇지 않으면 1의 값을 주라는 것입니다. 유사한 방법으로 [cdr_c2]라는 이항 변수를 만들고 다시 [demog]을 attach하였습니다.

이제 [prop.test]라는 명령어를 활용하여 연도별 조사망률 범주에 차이가 있는지 살펴보면 다음과 같습니다.

표 7-14 연도별 조사망률 범주의 비율 비교

```
> prop.test(table(year_c2, cdr_c2), correct=FALSE)

        2-sample test for equality of proportions without continuity
        correction

data:  table(year_c2, cdr_c2)
X-squared = 12.642, df = 1, p-value = 0.0003772
alternative hypothesis: two.sided
95 percent confidence interval:
 -0.8032679 -0.2763020
sample estimates:
   prop 1    prop 2
0.1935484 0.7333333
```

[prop.test] 명령어는 분할표를 필요로 하기에 [table]이라는 명령어로 필요한 표를 만들어 주었습니다. 그리고 [correct=FALSE]라는 옵션을 주었는데, 원래 z-검정은 양적 변수의 평균을 비교할 때 사용하는 것이라서 이항 변수의 비율을 비교할 때 사용하는 것은 일종의 논리 비약이 있어 그 논리의 비약을 약화시키기 위해 통곗값을 수정(correct)하는 절차를 거치는데, 그러한 통계적 방법을 사용하지 말라는 옵션입니다. 이 부분에 대해서는 [prop.test]의 설명서를 보면서 더 상세히 알아보시기 바랍니다.

여하튼 위의 결과는 χ^2-검정의 결과를 보여주지만 z-검정의 검정 통곗값과 p-값 또한 어렵지 않게 구할 수 있을 것입니다. 이 검정의 p-값이 0.0004이기 때문에 영가설을 기각하고, 연도별에 따라 조사망률이 5.3 이상일 확률에 차이가 있다는 결론을 내리게 됩니다. 위의 결과에서는 95% 신뢰구간 또한 보여주는데, 여기서는 $\hat{\pi}_0 - \hat{\pi}_1$ 즉 설명 변수의 첫 번째 범주의 비율에서 두 번째 범주의 비율을 뺀 차이에 대한 신뢰구간을 보여주고 있습니다.

그런데 [prop.table] 명령어는 일반적인 χ^2-검정을 수행할 수 없고 단지 두 집단 간 비율 비교만을 할 수 있다는 단점이 있습니다. 일반적인 분할표를 χ^2-검정으로 분석하는 명령어는 [chisq.test]입니다.

표 7-15 χ^2-검정의 실례

```
> chisq.test(table(year_c, tfr_c), correct=FALSE)

        Pearson's Chi-squared test

data:  table(year_c, tfr_c)
X-squared = 74.143, df = 8, p-value = 7.323e-13

Warning message:
In chisq.test(table(year_c, tfr_c), correct = FALSE) :
  Chi-squared approximation may be incorrect
```

여기에서는 [year_c]라는 네 개의 범주를 갖는 변수와 [tfr_c]라는 세 개의 범주로 이루어진 변수가 독립이라는 영가설을 검정해 보았습니다. 그 결과를 보면 p-값이 거의 0이기 때문에 영가설을 기각하게 됩니다. [chisq.test] 명령어를 사용하여 [year_c2]와 [cdr_c2]의 독립에 대한 영가설을 검정하면, 앞서 보여준 [prop.test] 결과와 동일한 것을 볼 수 있습니다.

마지막으로 위의 결과 맨 끝을 보시면 χ^2-검정이 잘못되었을 가능성이 있다는 경고 표시를 보여주고 있습니다. χ^2-검정의 중요한 조건 중 하나는 모든 분할표 칸의 기대 빈도가 5 이상이라는 것입니다. 그런데 [> table(year_c, tfr_c)]를 해 보면 감을 잡을 수 있겠지만, 기대 빈도가 5 이상이 되지 않는 칸들이 있습니다. 그런 이유로 위와 같은 경고 표시가 뜬 것입니다.

이제 범주형 설명 변수와 양적 종속 변수의 연관을 살펴보는 t-검정과 F-검정을 살펴보도록 하겠습니다. t-검정은 두 집단 간 평균이 같다는 영가설을 검정하는 방법으로 R에서는 [t.test]라는 명령어가 있습니다.

표 7-16 *t*-검정의 실례

```
> t.test(tfr ~ year_c2)

	Welch Two Sample t-test

data:  tfr by year_c2
t = 6.3431, df = 30.464, p-value = 5.011e-07
alternative hypothesis: true difference in means is not equal to 0
95 percent confidence interval:
 0.7806751 1.5213851
sample estimates:
mean in group 0 mean in group 1 
       2.350097        1.199067 
```

[t.test]의 명령어 안에 종속 변수를 먼저 쓰고 물결 표시를 한 다음 설명 변수를 사용하였습니다. 이는 R에서 formula라고 불리는 것으로 물결 표시를 이용하여 종속 변수가 설명 변수로 설명된다는 것을 나타내는 방법입니다. 이 방법은 앞으로 자주 이야기하게 될 것이기 때문에 여기서는 이런 것이 있구나 라는 정도로 넘어가시면 됩니다.

위 결과를 보면 [year_c2]의 두 범주에 따라 합계출산율의 평균에 차이가 없다는 영가설을 기각하게 됩니다. 첫 번째 범주의 평균에서 두 번째 범주의 평균을 뺀 값에 대한 95% 신뢰구간 또한 보여주고 있습니다.

그런데 [t.test]라는 명령어에서 주의해야 할 점은 이 명령어의 초기 옵션 중 하나는 두 집단의 분산이 다르다는 것입니다. 만약 두 집단의 분산이 같다는 가정에서 검정을 진행하고 싶다면 [var.equal=TRUE]라는 옵션을 사용하셔야 합니다.

마지막으로 분산분석(ANOVA: analysis of variance)이라고도 불리는 *F*-검정의 영가설은 모든 집단의 평균이 같다는 영가설을 검정합니다. *F*-검정은 두 집단 간 평균을 비교하는 *t*-검정보다 일반화된 검정입니다. R에서 *F*-검정을 하는 명령어는 analysis of variance의 앞 글자만을 딴 [aov]입니다.

표 7-17 F-검정의 실례

```
> summary(aov(tfr~year_c2))
            Df Sum Sq Mean Sq F value   Pr(>F)
year_c2      1  13.39  13.393   19.36 6.79e-05 ***
Residuals   44  30.44   0.692
---
Signif. codes:  0 '***' 0.001 '**' 0.01 '*' 0.05 '.' 0.1 ' ' 1
```

위 결과를 보면 [year_c2]의 두 범주의 합계출산율 평균이 동일하다는 영가설을 기각하게 됩니다. 어, 그런데 앞의 t-검정 결과와 여기 F-검정의 결과에 있어 p-값이 달리 나타나는 것을 볼 수 있습니다. 두 집단 간 평균 비교를 할 때, 자유도가 d인 t-분포를 따르는 값을 제곱하면 자유도가 1, d인 F-분포를 따르기 때문에 t-검정 값을 제곱하면 F-검정 값과 같아진다는 차이는 있지만 t-검정과 F-검정의 p-값은 같아야 하는 것 아닌가요?

좋은 질문입니다. 언급한 것처럼 두 집단 간 평균 비교에 있어 t-검정 값을 제곱하면 F-검정 값과 같아지고 p-값은 동일해야 합니다. 그렇다면 왜 위와 같은 차이가 나온 것일까요? 그렇죠. F-검정은 모든 집단의 분산이 동일하다는 조건이 있지만, 위에서 수행한 t-검정은 초기 설정인 집단 간 다른 분산을 가정한 것입니다. 여러분이 t-검정에서 [var.equal=TRUE]라는 옵션을 설정한 다음 [t.test] 명령어를 실행하면 여기서 보고 있는 F-검정과 동일한 유의도를 얻게 될 것입니다.

물론 [aov]는 설명 변수가 셋 이상의 범주로 이루어져 있을 때도 사용할 수 있는 일반적인 명령어라는 점을 노파심에서 말씀드립니다.

여덟 번째 주 week 8

막대 그림과 히스토그램

- 자료를 그래픽으로 보여주는 방법을 소개한다.
- 범주형 변수의 분포를 시각화하는 막대 그림(bar plot)을 만드는 과정을 기술한다.
- 양적 변수의 분포를 보여주는 히스토그램(histogram)을 그려본다.
- 두 변수의 관계를 보는 그림들도 설명한다.

1. 막대 그림(bar plot)

이번 강의부터 앞으로 몇 장에서는 자료를 그림으로 나타내보는 다양한 방법에 대해 배워보도록 하겠습니다. 각 부분의 처음에는 한 변수의 분포를 살펴보는 그림을 배울 것이지만 곧 이어 두 변수 사이의 관계를 살펴보는 그림을 다룰 것입니다. 그렇게 함으로써 어떤 그림을 그렸을 때 두 변수의 관계를 잘 볼 수 있는지 여러분의 감각을 넓혀 나갈 수 있기를 바랍니다. 여러분들은 아마도 “a picture is worth a thousand words”라는 말을 들어 본 적이 있을 겁니다. 아무리 많은 말로 설명을 해도 하나의 그림으로 보여주는 것이 더 효과적이라는 것입니다. 이는 통계 분석에서도 예외가 아니어서, 두 변수 사이의 관계를 보여주는 데 있어 고급 통계 모형을 사용하여 결과를 추정하고, 아무리 많은 단어를 써서 설명한다고 하더라도 결과를 하나의 그림으로 보여줄 수 있다면 그 그림 하나가 훨씬 많은 것을 전달할 때가 적지 않습니다. 여러분들이 여러 논문을 읽어보면 이름 있는 학자들은 혹은 저명한 논문들은 복잡한 통계 기법을 사용하기보다는 단순한 몇 개의 그림으로 자신의 주장을 뒷받침하는 것을 볼 수 있습니다. 여러분들이 앞으로 몇 주 동안 그림을 그리는 수업을 듣고 왜 이런 일들이 적지 않게 발생하는지 절실히 깨달을 수 있기를 바랍니다.

자, 먼저 질적 변수(qualitative variable)를 시각화하는 작업을 해 보도록 하겠습니다. 이 작업을 하기 위해 여러분들은 [setwd]라는 명령어를 사용하여 [ndemog] 객체를 포함한 자료가 있는 폴더를 working directory로 지정해 놓아야 합니다. 또한 [ndemog] 객체를 R에 올려놓은 후 [year_c]와 [tfr_c] 변수를 만들고 [attach]라는 명령어를 사용하여 객체 이름 없이 변수 이름만으로 분석을 할 수 있는 상태여야 합니다.

이제 [tfr_c]의 분포를 살펴본다고 할 때, 어떤 하나의 변수가 질적 변수라면 그 변수의 분포를 보는 가장 좋은 그림은 무엇인가요? 막대 그림(bar plot)이죠? 다음의 명령어를 실행해 보면 〈그림 8-1〉이 나타날 겁니다.

표 8-1 범주형 변수의 막대 그림: 〈그림 8-1〉

```
barplot(table(tfr_c))
```

[barplot]은 막대 그림을 만들어주는 명령어입니다. 그 안에 단순히 변수 이름이 아니라 [table]이라는 명령어를 이용해서 표를 만든 후 변수 이름을 넣었다는 것을 눈여겨보세요. [table] 명령어를 사용하지 않고 바로 변수 이름을 넣으면 오류가 발생할 것입니다. 그리고

그림 8-1 범주형 변수의 막대 그림

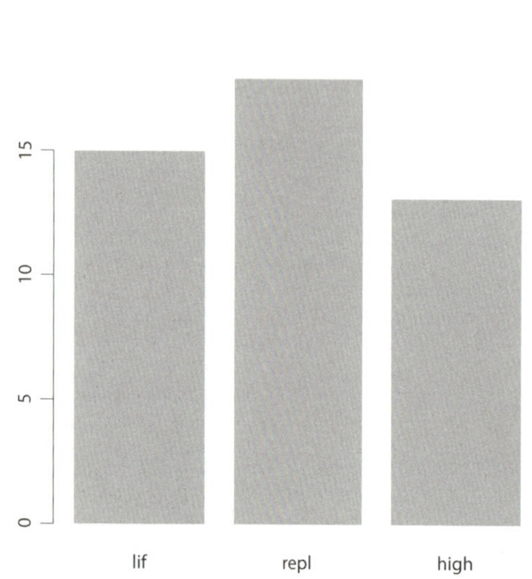

그림 8-2 옵션을 넣은 막대 그림

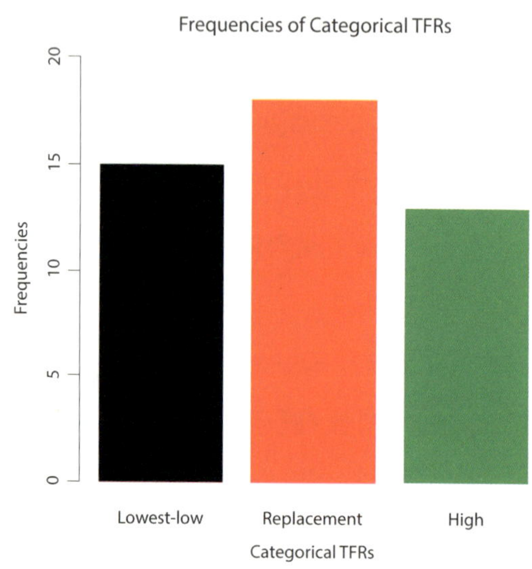

x-축에는 범주의 이름(label)을 넣고 y-축에는 사례 수를 보여주고 있습니다. 이제 이 그림을 예쁘게 만들기 위해 몇 가지 옵션들을 넣어 봅시다.

표 8-2 옵션을 넣은 막대 그림: 〈그림 8-2〉

```
barplot(table(tfr_c), ylim=c(0,20), col=1:3,
        xlab="Categorical TFRs", ylab="Frequencies",
        names.arg=c("Lowest-low", "Replacement", "High"),
        main="Frequencies of Categorical TFRs")
```

위 명령어를 실행해 보면 〈그림 8-2〉가 나타날 것입니다. 여기서 사용된 옵션들이 무슨 의미인지 설명하도록 하겠습니다. 우선 [ylim]은 y-축의 최솟값과 최댓값을 얼마로 설정할 것인가를 정해줍니다. 〈그림 8-2〉에서는 각각 0부터 20의 값으로 설정하였습니다. 그렇다면 이와 유사하게 [xlim]이라는 옵션도 있겠죠? 그리고 이 옵션의 뜻은 무엇인지 굳이 설명해 드리지는 않겠습니다.

[col]은 막대의 색을 정해줍니다. [〉 palette()]라는 명령어를 실행하면 [〉 [1] "black" "red" "green3" "blue" "cyan" "magenta" "yellow" "gray"]라는 결과가 나타날 텐데, 1:3은 첫 세 가지 색을 사용하라는 뜻이라 "black", "red", "green3"를 사용했습니다. 이 옵션은 색의 이름을 넣어도 같은 효과가 있으므로 [col=c("black", "red", "green3")]이라고 사용해도 동일한 결과를 얻었을 겁니다. R에서 사용 가능한 색에 대해서는 다음의 웹사이트(http://research.stowers-institute.org/efg/R/Color/Chart/index.htm/)를 참조하세요.

[xlab]과 [ylab]은 x-축과 y-축의 이름을 붙여 주는 옵션입니다. 이 옵션을 사용해서 적어 놓은 이름이 각 축에 적혀 있는 것을 그림에서 볼 수 있습니다. [names.arg]라는 옵션은 각 막대의 이름을 바꾸는 명령어입니다. 〈그림 8-1〉의 막대 아랫부분을 보시면 여기에 적혀 놓은 대로 이름이 들어가 있는 것을 알 수 있습니다. 마지막으로 [main]이라는 옵션은 전체 그림의 이름을 정해주는 것으로 위쪽의 가운데를 보시면 이 그림의 이름이 들어가 있습니다.

이제 이렇게 그림을 그리면 저장할 필요가 있습니다. 그래야지만 한글이나 Power Point에서 사용할 수 있겠지요?

표 8-3 그림 저장

```
jpeg(".\\graphs\\bar_tfr.jpg")
barplot(table(tfr_c), ylim=c(0,20),
        xlab="Categorical TFRs", ylab="Frequencies",
        names.arg=c("Lowest-low", "Replacement", "High"),
        main="Frequencies of Categorical TFRs")
dev.off()
```

R에서 그림을 저장하려면, 1) 저장하고자 하는 형식의 명령어로 그림을 만들 장치(graphics device)를 연 다음 2) 그림을 그리고 3) 그 장치를 닫습니다. 위의 명령어를 보면 이런 세 가지 단계를 실행하는 명령어가 있는 것을 봅니다. 우선 [jpeg]라는 명령어를 사용한 다음 [barplot] 명령어로 그림을 그려 그 그림을 [jpg] 형태로 저장하고 [dev.off]를 실행하여 [jpeg] 장치를 닫았습니다.

첫 번째 명령어에서 그림을 저장할 폴더와 이름을 적어 놓은 부분을 보면 [.//] 이라는 부분이 눈에 띄는데, 이는 현재 working directory를 의미합니다. 그래서 그 부분을 전체적으로 해석해 보면 현재 working directory 하위에 있는 [graphs]라는 폴더에 [bar_tfr]이라는 이름으로 저장하되 확장자명이 [jpg]라는 것입니다. R에서는 여기서 사용한 [JPEG] 뿐 아니라 [png], [wmf], [pdf], [postscript] 형식을 사용할 수 있는데, 물음표에 더해 [png], [win.metafile], [pdf], [postscript]를 붙여 각각의 명령어를 어떻게 사용하는지 살펴보시기 바랍니다.

마지막 명령어인 [dev.off]는 처음에 연 그림 장치를 끄라는 명령어입니다. 이 명령어를 실행하지 않으면 저장한 그림이 완전히 그려지지 않거나, 저장된 그림에 넣으려고 하지 않은 이상한 부분이 들어가는 문제가 생길 수 있으니 항상 이 명령어를 실행하여 그림 장치를 끄도록 습관을 들입시다.

이렇게 그림을 그린 후 여러분이 지정한 폴더에 들어가 보면 그림이 저장되어 있습니다. 이제 이 그림을 복사한 다음 여러분이 사용하는 프로그램에 가서 Ctrl+V를 누르면 그 그림이 붙여지는 것을 봅니다. 예를 들어 한글에서도 복붙(copy and paste)을 쉽게 할 수 있고, 단순히 폴더로부터 그림을 끌어와 한글에 떨구는 drag and drop 방식으로 그림을 보여줄 수 있습니다.

〈그림 8-2〉에서는 y-축이 사례 수를 보여주고 있습니다. 사례 수가 아니라 전체에서 비율을 보여주고 싶다면 다음과 같은 명령문을 실행하여 〈그림 8-3〉을 그려 봅니다.

표 8-4 비율을 보여주는 막대 그림: 〈그림 8-3〉

```
barplot(prop.table(table(tfr_c)), ylim=c(0, 0.4), col=1:3,
        xlab="Categorical TFRs", ylab="Proportions",
        names.arg=c("Lowest-low", "Replacement", "High"))
```

그림 8-3 비율을 보여주는 막대 그림

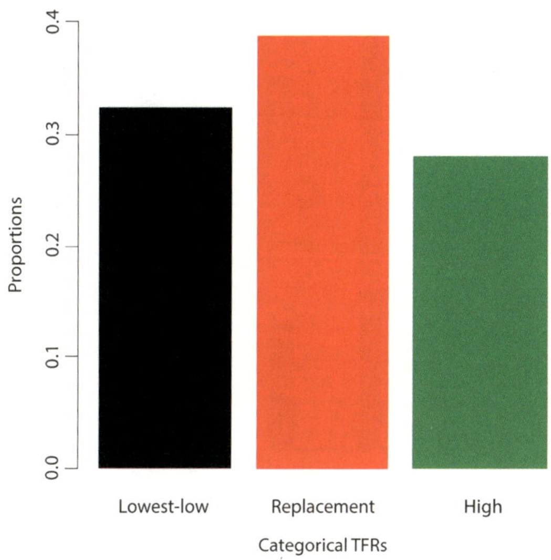

위의 명령문을 보면 [barplot]이라는 명령어 안에 바로 [table]을 넣은 것이 아니라 [prop.table]을 함께 넣음으로써 각 범주의 비율을 그리도록 만들었습니다. 따라서 [ylab]의 이름 또한 바꾸어 주었습니다. 이에 더해 [main] 옵션을 뺐다는 것을 알 수 있는데, 저는 그림의 이름을 R에서는 설정하지 않습니다. 예를 들어 한글에서 사용할 때와 워드에서 사용할 때, ppt에서 사용할 때 글자 모양과 크기가 달라질 수밖에 없어서 그리고 그림을 사용하는 순서가 달라지기 때문에, R에서 그림 이름을 지정해 놓으면 각 프로그램에서 사용할 때 예쁘지 않게 나오는 경우가 많습니다. 그래서 그림 제목은 각 프로그램에서 사용할 때 직접 적어주기 때문에 R에서 [main] 옵션은 사용하지 않습니다.

이제 연도에 따라 출산율이 어떻게 변하는지 그려보고 싶습니다. 다음의 명령어를 실행하면 〈그림 8-4〉를 보실 겁니다.

표 8-5 연도에 따른 출산율 막대 그림: 〈그림 8-4〉

```
barplot(table(tfr_c, year_c), beside=TRUE, ylim=c(0, 12), col=1:3,
          xlab="Categorical TFRs by Year", ylab="Frequencies",
          names.arg=c("1970s", "1980s", "1990s", "2000s", "2010s"))
```

그림 8-4 연도에 따른 출산율 막대 그림

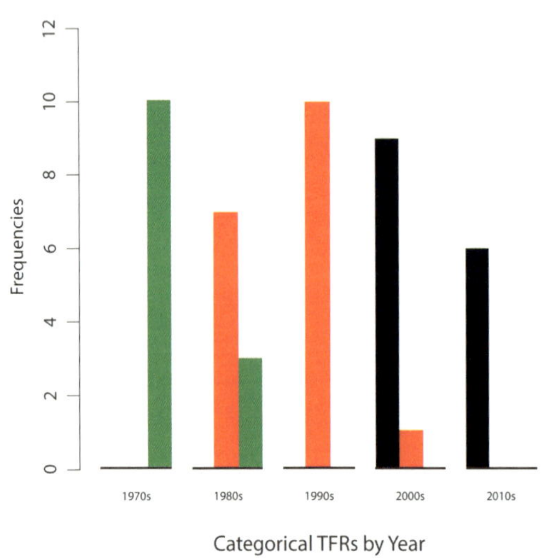

그림 8-5 비율과 이름을 넣은 막대 그림

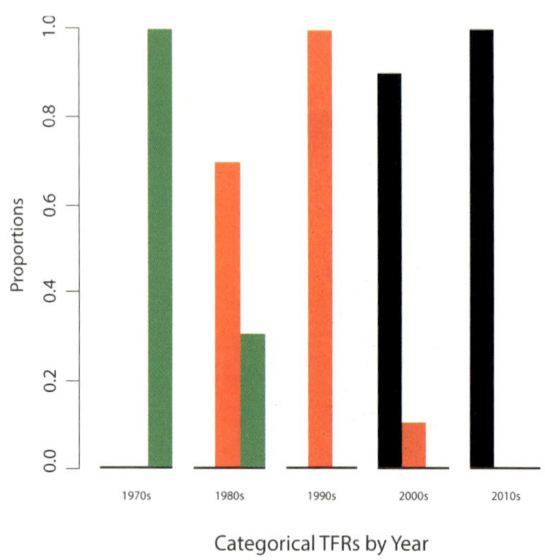

위의 명령어를 보시면 [table] 명령어에서 [tfr_c] 변수를 먼저 적고 [year_c]를 나중에 적어 주었습니다. 그런데 〈그림 8-4〉를 보면 연대별로 출산율을 그렸습니다. 다시 말해 [table] 명령어로 만들어진 표를 생각해 보면, 행은 [tfr_c]의 범주 값을 보여주고 열은 [year_c]의 범주 값을 보여줄 텐데, 이 그림을 보면, 첫 번째 열을 먼저 그리고 두 번째 열을 그리고 다시 다음 열로 넘어간다는 것을 알 수 있습니다. 여러분들이 변수의 순서를 바꾸어 그려보면서 어떤 변화가 나타나는지 살펴보시기 바랍니다.

위의 명령어에서 [beside]라는 옵션이 있는 것을 봅니다. 이는 막대를 옆으로 그리라는 옵션이고, 만약 이 옵션을 넣지 않으면 위로 쌓이는 막대 그림을 보게 될 것입니다. [beside]라는 옵션을 빼고 명령어를 실행해 봄으로써 이 말이 무슨 뜻인지 살펴보시기 바랍니다.

〈그림 8-4〉만 보면 각 막대의 색깔이 무엇을 의미하는지 한눈에 찾아내기가 쉽지 않습니다. 그래서 좀 더 상세한 설명을 제시하기 위해 각 막대가 무엇을 뜻하는지 이름을 넣고 싶습니다. 그

리고 앞서 살펴보았던 것처럼 사례 수를 제시하는 것보다는 특정 연도에 따른 비율을 제시하는 것이 연관을 보는 더 좋은 방법인지라, y-축에 사례 수가 아니라 비율을 넣고 싶습니다. 위에서 제시한 〈그림 8-5〉처럼 말이지요. 〈그림 8-5〉는 다음과 같은 두 개의 명령어로 만들었습니다.

표 8-6 비율과 이름을 넣은 막대 그림: 〈그림 8-5〉

```
bp <- barplot(prop.table(table(tfr_c, year_c), margin=2),
              beside=TRUE, ylim=c(0, 1),
              col=1:3, xlab="Categorical TFRs by Year", ylab="Proportions",
              names.arg=c("1970s", "1980s", "1990s", "2000s", "2010s"))
text(bp, 0, pos=3, c("llf", "repl", "high"), cex=0.7)
```

위의 명령어 구문은 두 개의 명령어로 이루어져 있는데, 첫 번째 명령어는 비율을 보여주는 막대 그림을 그리면서 동시에 이들의 x-축 값들을 [bp]라는 객체에 저장하라는 명령어입니다. 위의 명령어를 실행한 다음 [〉 bp]라고 명령어를 실행하여 [bp] 객체에 무엇이 들어있나를 살펴보면 다음과 같은 결과를 얻습니다.

표 8-7 [bp] 객체의 내용

```
> bp
     [,1] [,2] [,3] [,4] [,5]
[1,]  1.5  5.5  9.5 13.5 17.5
[2,]  2.5  6.5 10.5 14.5 18.5
[3,]  3.5  7.5 11.5 15.5 19.5
```

이를 보시면 알겠지만, 이는 각 막대의 x-축 값입니다. 이 x-축 값을 사용해서 두 번째 명령어인 [text]를 넣었습니다. [text] 명령어를 살펴보기 전에 [prop.table]에서 [margin=2]라는 옵션을 주었는데, 왜 이 값을 1로 주지 않고 2로 주었는지 이해하시나요? [tfr_c]의 값이 행으로 가기 때문에 각 행의 비율 합이 1이 되도록 만들어 줄 필요가 있어 [margin=2]라는 옵션을 주었습니다.

이제 [text]라는 명령어를 살펴보면, 명령어 안의 첫 번째 값은 글자가 들어갈 x-축의 값을 두 번째 값은 y-축의 값을 나타냅니다. 이 두 축이 만나는 곳에 한 점이 생기고 [pos=3]이라는 옵션을 주어 그 점을 기준으로 바로 위에 문자를 넣으라는 뜻입니다. [pos]는 1, 2, 3, 4의 값을 가질 수 있는데, 각각 특정 점의 아래, 왼쪽, 위, 오른쪽을 뜻하게 됩니다. 그리고 넣은 문자는 위에다 적어 놓은 세 이름입니다. 혹시 vector와 matrix를 다루면서 배웠던 recycling을 기억하시나요? 여기서도 단순히 세 개의 이름만을 적어 주었는데, 이것이 계속 recycling이 되면서 〈그림 8-5〉에서 본 것과 같이 막대마다 각자의 이름이 들어가게 되었습니다.

마지막에 있는 옵션 [cex]는 초기설정으로 되어 있는 글자 크기에 몇 배의 크기로 넣을까를 나타냅니다. 여기서는 0.7이라는 옵션을 주었기 때문에 원래 크기의 70% 크기로 줄인 것입니다. 이 옵션 없이 그림을 그려보면 글자 크기가 커서 막대 밖으로 이름이 나타나고 이름끼리 겹치는 것을 봅니다. 이런 부분을 좀 더 예쁘게 처리하기 위해 이 옵션을 사용했습니다. 다른 숫자를 사용해서 여러 그림을 그려 보면서 어떤 옵션을 주는 것이 가장 예쁜지 여러분이 스스로 자신만의 관점을 만들어 갈 수 있기를 바랍니다.

막대 그림에 대한 부분은 여기까지 다루도록 하겠습니다. 더 많은 그림과 옵션을 배울 수 있으나 그런 것들은 여러분이 [〉 ?barplot]을 통해 관련 문서를 살펴보고 더 알아갈 수 있을 겁니다. 논의를 끝내기 전에 마지막으로 하나의 옵션을 언급하자면, [horiz=TRUE]가 있어 이 옵션을 넣으면 막대 그림이 위아래 종으로 그려지는 것이 왼쪽 오른쪽의 횡으로 그려진다는 것입니다. 이 옵션을 넣어 봄으로써 실제 그림을 그려보세요. 그리고 여러 웹사이트를 돌아다니면서 다른 사람들은 막대 그림을 어떻게 그렸는지 살펴보면서 여러분의 실력을 넓혀 나갈 수 있기를 바랍니다. 많고 많은 웹사이트 중에서도 다음의 웹사이트(http://www.ats.ucla.edu/stat/r/faq/barplotplus.htm/)는 꼭 방문해 보기를 권하면서 막대 그림에 대한 부분은 마치도록 하겠습니다.

2. 히스토그램(histogram)

양적 변수의 분포를 살펴보는데 가장 널리 사용되는 그림 중 하나가 히스토그램입니다. 히스토그램은 x-축에는 변숫값들을 나타내고 y-축에는 확률밀도를 그려 특정 변수의 값이 어떻게 분포되어 있는가를 한눈에 보여줍니다. 히스토그램이 어떻게 생겼는지 여러분도 잘 아시겠지만, 다음의 명령어를 실행하여 기대수명에 대한 히스토그램을 만들어 보도록 합시다.

표 8-8 초기설정 히스토그램: 〈그림 8-6〉

```
hist(le0)
```

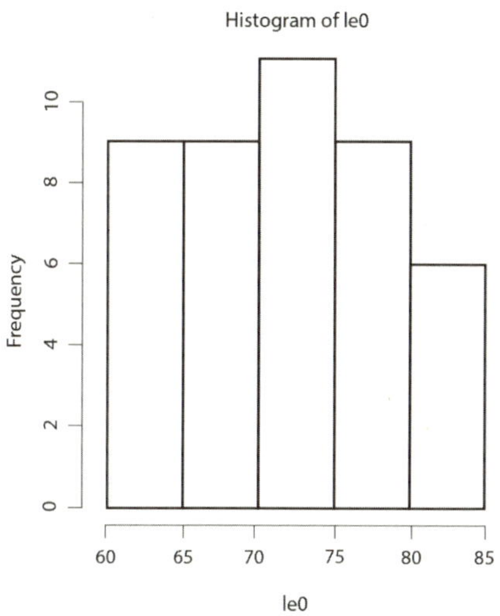

그림 8-6 초기설정 히스토그램

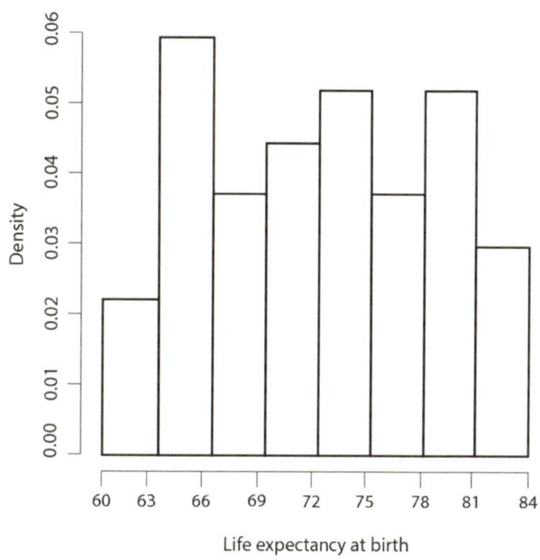

그림 8-7 몇 가지 옵션을 준 히스토그램

초기설정으로 되어 있는 히스토그램을 그리면 〈그림 8-6〉과 같은 모습이 나타납니다. 이를 보면 x-축에는 기대수명(le0)이 범주화되어 있고 y-축에는 각 범주의 빈도 수가 있는 것을 알 수 있습니다. 그리고 가운데 위쪽에 보면 제목도 나와 있네요. 히스토그램은 앞에서 살펴본 막대 그림과 유사하지만, 막대 그림은 질적 변수의 분포를 나타내고 히스토그램은 양적 변수의 분포를 나타낸다는 점에서 차이가 있습니다. 이전의 막대 그림과 〈그림 8-6〉의 히스토그램을 비교해 보면 어떤 차이가 있나요? 그렇습니다. 막대 그림의 x-축 값들은 내려가 있는데 반해, 히스토그램의 x-축 값들은 연속적으로 붙어 있는 것을 볼 수 있습니다. 이는 히스토그램이 양적 변수의 분포를 보여주도록 고안되었기 때문입니다. 이제 〈그림 8-6〉을 그리는 명령어에 몇 가지 옵션을 주어보다 예쁜 그림이라고 생각되는 〈그림 8-7〉을 만들어 보겠습니다. 이 그림을 만드는 명령어는 다음과 같습니다.

표 8-9 몇 가지 옵션을 준 히스토그램: 〈그림 8-7〉

```
hist(le0, freq=FALSE, main="", ylab="Density", xlab="Life expectancy at birth",
      breaks=c(60+0:9*3), xaxt="n")
axis(side=1, at=c(60+0:9*3))
```

[hist]라는 명령어 바로 다음에는 히스토그램을 그리고자 하는 변수 이름을 적었습니다. 그리고 [freq=FALSE]라는 명령어로 y-축이 빈도 수(frequency)가 아닌 확률밀도(probability density)가 되도록 만들었습니다. 여기서 질문 하나. 앞의 막대 그림에서는 y-축에 비율을 그려 넣었는데, 히스토그램에서는 확률밀도를 그려 넣는군요. 이 둘 즉 비율과 확률밀도의 차이를 아시나요? 비율은 전체 사례가 1이라고 했을 때, 각 범주의 사례 수 비율을 나타낸다는 것은 아실 겁니다. 그럼 확률밀도는 무엇인가요? 네, 확률밀도는 면적(area)에 관한 것입니다. 즉 히스토그램의 막대에 있는 모든 면적이 1이된다고 했을 때 높이를 나타내는 것이지요. 위의 〈그림 8-7〉에서 각 막대의 x-축의 가로 길이와 y-축 세로 길이를 곱하여 모두 더하면 1이라는 값을 얻게 될 것입니다. 이런 점에서 히스토그램의 y-축 값은 x-축의 단위, 다시 말하면 변수의 단위에 따라 달라집니다. 예를 들어 [le0]에 10을 곱한 새로운 변수를 만들어 동일한 히스토그램을 그려보면 x-축의 단위는 10배 늘어나지만, y-축의 값은 10배 작아지는 것을 볼 수 있습니다. 이는 전체 면적이 1이 되기 위해서 x-축의 값이 10배가 되면 y-축의 값이 1/10 배가 되어야 하기 때문입니다.

위의 명령어에서 [main=""]라는 옵션은 제목을 없애라는 옵션으로 이해하시면 됩니다. 즉 큰 따옴표 안에 아무런 표시도 넣지 않음으로써 제목이 없다는 것을 간접적으로 설정하는 것입니다. 그리고 [breaks]라는 옵션에서는 x-축의 단위를 설정한 것인데 60부터 3의 간격으로 84까지 그리라는 것입니다. 여기서도 [:]를 사용하여 간격을 설정한 것을 볼 수 있습니다. 그리고 마지막 옵션[xaxt="n"]에서는 초기설정으로 되어 있는 x-축의 단위를 적지 말고 아무것도 없는 상태로 놔두라는 옵션입니다. 그다음 명령어인 [axis]에서 어떻게 단위를 적어줄 것인지 설정하고 있기 때문입니다. 두 번째 명령어인 [axis]를 실행하지 않은 상태에서 그림을 보면 x-축에 아무런 표시가 없는 것을 볼 수 있습니다.

이제, 그 [axis]라는 두 번째 명령어를 실행하면 x-축의 단위 즉 60부터 84까지 3의 간격의 숫자를 보여줍니다. [side]라는 옵션은 이런 숫자를 어디에 적을 것인지에 관한 것인데, 앞에서 살펴본 [pos]와 같은 옵션입니다. 즉 각 점의 아래(1), 왼쪽(2), 위(3), 오른쪽(4) 중 어디에 적을 것인지를 설정하는 것입니다. 그리고 [at]은 그 말로부터 짐작할 수 있는 것처럼 x-축에 값을 적어 넣을 점을 설정하는 것입니다. [hist]의 명령어 중 [breaks] 옵션과 같은 값을 넣은 것을 볼 수 있습니다. 이런 방식으로 막대가 구분되는 x-축의 점에 각 값을 적어 넣을 수 있습니다.

여러분이 〈그림 8-6〉과 〈그림 8-7〉을 비교해 보시면 동일한 변수를 사용함에도 불구하고, 두 개의 그림이 상당히 다르다는 것을 알 수 있습니다. 이는 영어로는 bin의 수라고 하는 막대의 수에 따라 히스토그램의 모양이 달라지기 때문입니다. 따라서 x-축을 매우 잘게 자른 다음 bin의 수를 매우 많이 늘려 확률밀도를 부드러운 곡선으로 연결한 그림을 그리면 더 자연스러울 것입니다. 〈그림 8-7〉을 만든 명령어에 다음과 같은 명령어를 실행해 보면 〈그림 8-8〉처럼 히스토그램에 더해 확률밀도를 나타내는 부드러운 곡선이 덧붙여진 것을 보게 됩니다.

표 8-10 확률밀도 곡선을 덧붙이기: 〈그림 8-8〉

```
lines(density(le0, na.rm=TRUE))
```

그림 8-8 확률밀도 곡선을 더한 히스토그램

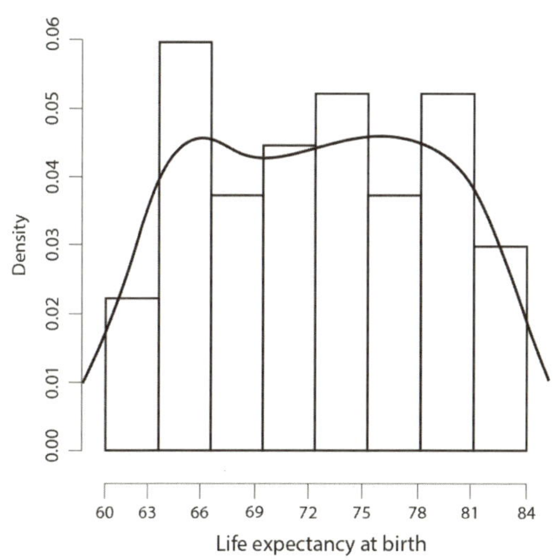

그림 8-9 연대 변화에 따른 확률밀도 변화

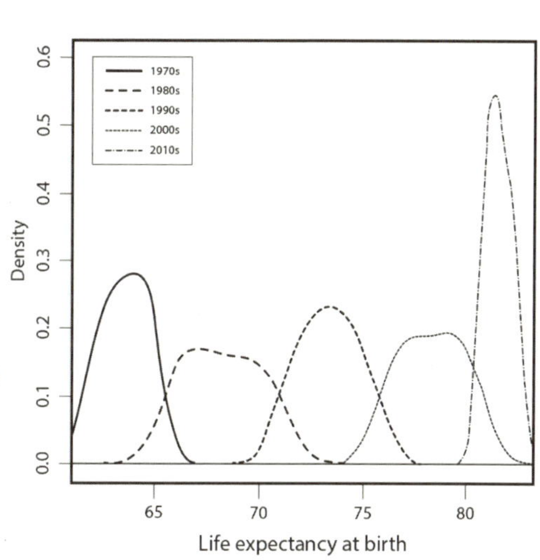

[lines]라는 명령어는 x-축과 y-축의 값을 주었을 때 그 점들을 연결하는 선을 그리는 명령어입니다. 이 명령어는 이미 어떤 그림이 그려져 있는 상태에서 선들을 더하는 명령어라는 점에서, 조금 후에 살펴볼 그림을 처음부터 다시 그리라는 [plot]이라는 명령어와 다릅니다. 다시 말해 이미 [hist]라는 명령어를 사용해서 그림을 그려 놓은 것이 있으므로 그 그림 위에 선들을 연결하는 그림을 얹어 놓으라는 것입니다. 지금 당장 이게 무슨 뜻인가 의문이 드실 수도 있는데, [plot]에 대해 살펴보면서 다시 이야기하면 더 잘 이해할 수 있을 겁니다.

[lines]라는 명령어는 점들을 연결하는 선을 그리는 것이기 때문에 그 안에 있는 [density]라는 명령어가 그 점들을 포함하고 있을 겁니다. 여러분이 [〉 density(le0, na.rm=TRUE)$x]라는 명령어를 실행하면 각 점의 x-축 값을 보여 줄 것이고 [〉 density(le0, na.rm=TRUE)$y]라는 명령어를 실행하면 각 점의 y-축 값을 보여 줄 것입니다. 즉 [density]라는 명령어는 확률밀도의 좌표를 계산해 주는 명령어라고 생각하시면 됩니다. 물론 확률밀도를 구하는 방식에도 다양한 방법이 있지만, 여기서 그것을 논의하는 것은 R의 기초 강의라는 취지에 어긋나기 때문에 더는 언급을 하지 않도록 하겠습니다. 관심 있는 분들은 [〉 ?density]라는 명령어를 실행하여 R 설명서를 보면 더 많은 정보를 얻을 수 있습니다.

그리고 마지막으로 [density]라는 명령어 안에 [na.rm=TRUE]라는 옵션이 들어가 있는 것을 볼 수 있습니다. 이 옵션이 무엇을 뜻하며, 왜 사용하였는지 여러분들은 아실 것이기 때문에 여기서 다시 설명하지 않도록 하겠습니다.

이제 연대의 변화에 따른 기대수명 분포의 변화를 보고자 합니다. 즉 10년의 간격으로 범주화한 연도 변수인 [year_c]의 범주에 따라 기대수명의 분포에 변화가 있는지 살펴보고 싶습니다. 다음의 명령어를 실행하면 위에서 제시한 〈그림 8-9〉를 만들 수 있습니다.

이 그림을 만드는 명령어를 살펴보기 전에, 어떤가요? 〈그림 8-9〉를 보면 연대에 따른 기대수명의 분포가 변했다는 것을 한눈에 볼 수 있나요? 최근의 시기로 오면서 기대수명의 분포가 작은 값에서 큰 값으로 옮겼다는 것을 쉽게 볼 수 있습니다. 아무리 많은 숫자로 표를 만들어 설명한다고 하더라도, 시대에 따른 기대수명의 변화를 이런 하나의 그림으로 보여주는 것보다 잘 보여주지는 못할 것입니다. 이런 그림을 보면 왜 “a picture is worth a thousand words”라는 말이 생겼는지 알 수 있겠죠?

표 8-11 연대 변화에 따른 확률밀도 변화: 〈그림 8-9〉

```
plot(density(le0[year_c==0], na.rm=T),
     main="", xlab="Life expectancy at birth", ylab="Density",
     xlim=c(min(le0, na.rm=T), max(le0, na.rm=T)),
     ylim=c(0,0.6), lty=1)
lines(density(le0[year_c==1], na.rm=T), lty=2)
lines(density(le0[year_c==2], na.rm=T), lty=3)
lines(density(le0[year_c==3], na.rm=T), lty=4)
lines(density(le0[year_c==4], na.rm=T), lty=5)
legend(62, 0.6, c("1970s", "1980s", "1990s", "2000s", "2010s"), lty=1:5)
```

〈그림 8-9〉를 그린 명령어들을 설명하면 다음과 같습니다. 우선 [plot]이라는 명령어를 사용하여 이전 그림은 없애고 새로운 그림을 그리도록 했습니다. 만약 처음 명령어가 [plot]이 아니라 [lines]이었다면 〈그림 8-8〉에 새로운 선들을 그려 넣었을 것입니다. 하지만 이전 그림과 다른 그림을 그리기 위해서 새로운 그림을 시작하는 [plot] 명령어를 사용했습니다.

그리고 기대수명 변수의 확률밀도를 그리되 [year_c==0]이라는 옵션을 주어 1970년대의 확률밀도를 그리도록 하였습니다. 여기서 이전과 달라진 것 중 하나는 [na.rm=TRUE]라고 하지 않고 [na.rm=T]라고 한 것입니다. 즉 굳이 TRUE를 다 적을 필요 없이 T라고만 적어도 그 옵션에서 TRUE로 인식한다는 점을 덧붙이고자 합니다. [plot]의 두 번째 줄 옵션인 [main], [xlab], [ylab]은 여러분들이 아실 것입니다.

그리고 [xlim]과 [ylim]을 사용하여 각각 x-축과 y-축의 최댓값 및 최솟값을 설정하였습니다. 만약 이런 값들을 설정해 주지 않으면 다음에 나오는 [lines] 명령어를 활용하여 다른 확률밀도를 덧붙여 줄 때 원래의 그림에서 벗어나는 값들이 나오게 되어 제대로 된 그림이 나오지 않습니다. 예를 들어 [year_c==0]인 경우 x-축의 값은 61.93부터 65.17의 값을 갖게 되는 데 반해 [year_c==5]인 경우 80.79에서 82.40의 값을 갖습니다. 따라서 후자의 값들을 하나의 그래프 안에 그리기 위해서는 x-축의 범위를 미리 설정할 필요가 있습니다. 만약 이런 설명이 무슨 뜻인지 모르는 분들은 이 두 옵션을 없앤 상태에서 그림을 그려보시기 바랍니다. 그럼 어떤 문제가 나타나는지 어렵지 않게 보실 수 있습니다.

여기서 x-축의 최댓값과 최솟값을 설정해 주기 위해 어떤 명령어를 사용했는지 눈여겨보시기 바랍니다. 그리고 y-축의 값은 x-축의 값처럼 어떤 함수를 이용해 설정해 주기 어려웠으므로 직접 값을 입력하였습니다. 이 옵션을 최종적으로 선택하기 전에 여러 번 이 그림을 그려본 다음에 가장 알맞은 값을 고른 것입니다. 이처럼 여러분도 어떤 그림을 그릴 때 한 번에 그 그림을 완성하기보다는 여러 옵션을 바꾸어 가면서 그림이 변하는 것들을 살펴본 후 가장 좋아하는 그림을 선택하게 될 것입니다.

[plot]에서 마지막 옵션은 [lty]인데, 이는 곡선의 유형을 설정하는 것입니다. R에서 사용할 수 있는 선 유형에 대해서는 웹사이트(http://www.statmethods.net/advgraphs/parameters.html/)를 참조하시기 바랍니다. 이 웹사이트에 가면 그림을 그릴 때 사용하는 여러 가지 옵션을 잘 정리해 두었고 그중에 하나가 Lines라는 제목 아래 있는 선 유형과 선 두께에 관한 [lty]와 [lwd]입니다. 우리의 명령어에서는 이 중 [lty]를 사용한 것입니다. 즉 [plot] 명령어에서 [lty=1]이라는 옵션을 사용하여 직선으로 그리도록 하였습니다. 그리고 밑의 [lines] 명령어에서는 다른 유형의 [lty]를 선택함으로써 [year_c]의 범주에 따른 확률밀도 그림을 구분할 수 있도록 만들었습니다.

물론 각 선은 여기서 사용한 [lty]가 아닌 [lwd]로도 구분할 수 있고 또는 앞서 사용했던 것처럼 [col] 옵션을 사용하여 색으로 구분할 수도 있습니다. 여러분들이 ppt를 만들기 위해 그림을 그리고 있는 것이라면 [col] 옵션을 활용하여 색으로 구분하는 것도 추천할 만합니다. 하지만 저 같은 경우 그림을 그리는 가장 큰 이유는 논문에 싣고자 하기 때문이고, 대개의 논문은 색을 사용할 때 별도의 비용을 지불해야하기 때문에 흑백으로 찍습니다. 이런 이유로 저는 무언가를 구분할 때 선의 유형으로 구분하지 색으로 구분하지 않습니다. 여러분도 여러분의 상황에 맞게 다양한 방법으로 각 선을 구분하는 것들을 시도해 보시고, 자신에게 가장 알맞은 것을 찾아 나가기 바랍니다.

[plot] 다음에 나오는 일련의 [lines] 명령어는 쉽게 이해할 수 있으므로 더 설명하지 않고 [legend] 명령어를 살펴보도록 하겠습니다. 〈그림 8-9〉에 보시면 왼쪽 위에 선들이 있고 선들을 설명하는 네모 상자가 있는 것을 볼 수 있습니다. 이것이 범례라고도 불리는 legend입니다(전설이 아닙니다). 이를 그리는 명령어가 [legend]인데 처음 두 숫자는 범례가 시작되는 x-축과 y-축 값의 좌표를 나타냅니다. 그리고 설명을 나타내는 부분이 세 번째 옵션에 들어가 있습니다. 다섯 개의 확률밀도를 그렸기 때문에 다섯 개의 설명이 들어가 있는 것을 봅니다. 그리고 마지막으로 선 유형을 그 위의 그림에서 그렸던 것처럼 1부터 5까지의 유형으로 그리도록 하였습니다. 이런 방식으로 범례를 그려 줌으로써 각 확률밀도가 어떤 연도 범주에 속하는지 쉽게 구분할 수 있도록 하였습니다.

아홉 번째 주 week 9

평균과 신뢰구간 그림

- R에 기본으로 설치되어 있지 않은 패키지(package)를 인터넷을 통해 내려 받고 사용하는 방법을 설명한다.
- 양적 변수를 시각화하는 방법인 평균과 신뢰구간을 보여주는 그림을 그려본다.

1. 패키지 설치

양적 변수의 분포를 나타내는 통곗값 중 가장 많이 사용되는 것이 평균과 표준편차 그리고 다섯 가지 요약 값(five number summary)이라는 것은 다들 아실 겁니다. 이제 이들을 그림으로 그려주는 방법을 다루어보도록 하겠습니다. 우선 표본의 평균과 표준편차를 이용해서 모집단에 대한 평균 추정값과 신뢰구간을 보여주는 그림을 그려보도록 하겠습니다.

R에 기본적으로 설치된 명령어들만을 이용해서 이 그림을 그리려면 여러 복잡한 절차를 거쳐야 하기 때문에 다른 누군가가 이미 간단한 명령어로 만들어 놓은 명령어를 사용하도록 하겠습니다. 이렇게 다른 누군가가 이미 만들어서 웹사이트에 올려놓은 일련의 명령어를 담고 있는 파일을 패키지(package)라고 합니다. 특정 패키지를 사용하기 위해서는 웹에서 다운받은 후 지금 사용하고 있는 컴퓨터에 설치하여야 합니다. 그리고 설치 후 R에서 사용할 수 있도록 불러와야 하는데, 이 절차를 살펴보겠습니다.

여기서 필요한 패키지의 이름은 [gplots]입니다. 우선 패키지를 설치하기 위해서는 컴퓨터가 인터넷에 연결되어 있어야 합니다. 그래야지만 인터넷에 올라와 있는 패키지를 불러올 수 있을 테니까요. 다시 한 번 말씀드리면, 여러분의 컴퓨터가 인터넷에 연결되어 있어야만 웹으로부터 패키지를 내려받아 설치할 수 있습니다. 종종 몇몇 학생들이 패키지가 설치되지 않는다고 저를 찾아오곤 하는데, 모두 인터넷에 연결이 안 된 상태에서 패키지를 설치하려고 하더군요.
이제 다음의 명령어를 실행해 보세요.

표 9-1 [gplots] 패키지 설치 명령어

```
install.packages("gplots")
```

[install.packages]라는 명령어 안에 내려받고자 하는 패키지 이름을 적어 넣었습니다. 이 명령어를 실행하면 다음과 같은 표시가 뜨면서 [HTTPS CRAN mirror]라는 상자 안에 선택할 수 있는 국가 이름이 뜰 것입니다.

표 9-2 [CRAN mirror] 선택 메시지

```
--- Please select a CRAN mirror for use in this session ---
```

이는 어떤 경로를 통해서 패키지를 다운받을 것인지 선택할 수 있는 대화상자입니다. 저는 맨 위에 있는 [0-Cloud[https]]를 선택한 후 [OK] 버튼을 눌렀습니다. 이후 다른 패키지들이 필요하다고 하면서 몇 개의 패키지들을 더 설치하고 마지막에 [gplots]을 설치하였다는 표시가 보입니다. 여기에서 볼 수 있는 것처럼 하나의 패키지는 다른 패키지에 있는 명령어를 사용하기 때문에 이들을 필요로 하는 경우들이 있는데, 이때 R은 현재 컴퓨터에 설치되어 있지 않은 패키지들을 자동으로 설치해 줍니다.
여하튼 [gplots]를 설치하였기 때문에 이제 이 파일을 R로 불러와야 합니다. 그 전에 다음과 같은 명령어를 실행하여 그 결과를 보시기 바랍니다.

표 9-3 [plotmeans] 설명서 보기

```
> ?plotmeans
No documentation for 'plotmeans' in specified packages and libraries:
you could try '??plotmeans'
```

[plotmeans]라고 하는 명령어가 현재 없다는 표시네요. 이제 위에서 설치한 패키지를 R로 불러온 후 다시 [plotmeans]의 설명서를 보도록 하겠습니다.

표 9-4 [gplots]를 불러오기

```
> library(gplots)

Attaching package: 'gplots'

The following object is masked from 'package:stats':

    lowess

Warning message:
package 'gplots' was built under R version 3.2.5
> ?plotmeans
starting httpd help server ... done
```

[library]라는 명령어로 앞서 설치한 패키지를 R로 불러왔습니다. 그런 후 [〉 ?plotmeans] 명령어를 실행했더니 설명서가 잘 뜨네요. 설명서를 볼 수 있다는 것은 그 패키지가 R에 올라왔기 때문에 이제 사용할 수 있다는 것입니다.

이 명령어를 사용하기 전에 위에서 [library] 명령어를 실행하면서 나타나는 결과를 이해할 수 있나요? 혹시 [attach]라는 명령어를 기억하시나요? 그렇지 않다면, 그 부분을 다시 읽어 보세요. 여기서 핵심은 이미 [lowess]라는 명령어가 이미 있고 [gplots]에도 동일한 명령어가 있어서 문제가 발생했다는 것입니다. 그럼 어떤 것의 [lowess]라는 명령어를 사용하게 될까요? 네, 그렇죠. 이미 설치되어 있던 명령어를 사용하고 [gplots]에 있는 명령어는 사용할 수 없을 것입니다. 하지만 우리가 사용하려고 하는 명령어는 [plotmeans]라 별문제 없습니다.

Google에서 [R gplots]이라는 단어로 검색해 보시면 [gplots] 패키지에 있는 다양한 명령어와 이들을 어떻게 사용하는지에 대한 정보를 얻을 수 있습니다. 검색 결과 중 맨 위에 있는 [CRAN - Package gplots]를 클릭하여 이 패키지에 대한 간단한 소개와 누가 만들었는가에 대한 정보를 확인해 보시기 바랍니다.

R에 대한 이해를 높이기 위해 [library] 명령어를 약간 더 설명하겠습니다. 앞서 [install.packages] 명령어로 특정 패키지를 내려받으면 그 패키지는 여러분 컴퓨터의 특정 폴더에 설치가 됩니다. 저의 경우 윈도 익스플로러를 열고 [C:\Program Files\R\R-3.2.3\library] 폴더로 내려가 보면 [gplots]이라고 하는 폴더가 생성되어 있습니다. 제가 특정 패키지를 설치하게 되면 그 패키지의 이름을 가진 폴더가 생성되고, 그 패키지와 관련된 모든 폴더와 파일이 그 폴더 안에 설치가 되는 것입니다. 위 폴더 이름 끝이 [library]로 끝났다는 것을 눈여겨보세요.

[library] 명령어를 사용하여 이 폴더를 R에서 사용할 수 있도록 만들기 전 [plotmeans] 설명서를 볼 수 없었습니다. 하지만 [library] 명령어로 [gplots]이라는 패키지를 참조하도록 만든 후에는 그 설명서를 볼 수 있었지요. 그렇습니다. [library] 명령어는 특정 패키지를 R에서 사용할 수 있도록 특정 폴더를 [attach]해 주는 명령어입니다. 만약 여러분이 이미 배운 것처럼 [> search()]라는 명령어로 어떤 것들이 탐색 경로에 붙어있는지 확인한다면 [package:gplots]이라는 것도 들어 있는 것을 보게 됩니다.

또 하나 주의할 점은 R을 종료하게 되면 [gplots] 패키지 사용도 종료하게 되어, 다시 R을 연 후 [gplots] 패키지에 있는 명령어를 사용하고 싶다면 [library] 명령어를 사용하여 R로 불러와야 한다는 것입니다. 만약 [library] 명령어로 불러오지 않고 그 안에 있는 명령어를 사용하려고 하면 오류가 생기게 될 것입니다. 물론 이 패키지는 이제 컴퓨터에 저장되어 있으므로 [install.packages] 명령어를 사용하여 컴퓨터에 다시 설치할 필요는 없습니다.

이렇게 [package.install]이라는 명령어로 특정 패키지를 현재 컴퓨터에 내려받아 저장하고 R에서 사용할 때마다 [library] 명령어로 탐색 경로에 붙이는 것은 모든 패키지를 사용할 때 작동하는 방식입니다. 기본 프로그램은 핵심적인 명령어만을 담아 매우 작게 만들어 실행속도를 높이는 대신 다양한 패키지들을 이용하여 원하는 명령어를 만들고 쓸 수 있도록 R을 디자인한 것입니다. 기본은 날씬하되 확장성을 극대화하는 방식이죠.

이렇게 다른 누군가가 만들어 놓은 패키지를 매우 쉽게 사용할 수 있다는 것이 R의 최대 강점 중 하나입니다. 특히 통계학자들이 통계 모형을 개발한 후 그 모형을 R에서 사용할 수 있도록 패키지를 만들어 웹에 올려놓기 때문에, 가장 최근의 통계 기법을 가장 신뢰할만한 경로를 통해 사용할 수 있다는 것은 그 어떤 패키지와도 비교할 수 없는 장점입니다. 여러분들이 점점 더 많은 분석을 하다 보면 다양한 패키지들을 다운로드받아서 사용하게 될 것이고, 이들의 용도가 매우 광범위해서 커다란 도움이 된다는 것을 알게 될 것입니다. 여러분들 중 누군가는 이렇게 남들이 만들어 놓은 패키지를 사용하는 것에 그치지 않고 남들이 사용할 수 있도록 새로운 패키지를 만들어 웹에 올려놓을 수 있는 실력을 갖추게 되기를 기대해 봅니다.

2. 평균과 신뢰구간 그림

자, 우선 평균과 신뢰구간을 그려보도록 하겠습니다. 다음의 명령어를 실행해 보세요.

표 9-5 평균과 신뢰구간 그림: 〈그림 9-1〉

```
plotmeans(tfr ~ rep(1, length(tfr)))
```

그림 9-1 평균과 신뢰구간 그림

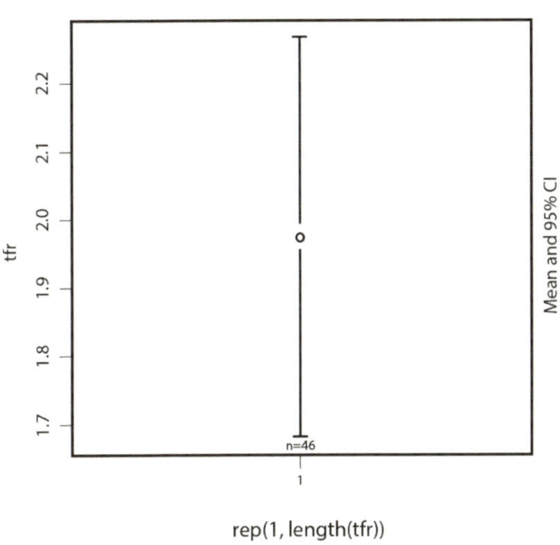

그림 9-2 옵션을 넣은 신뢰구간 그림

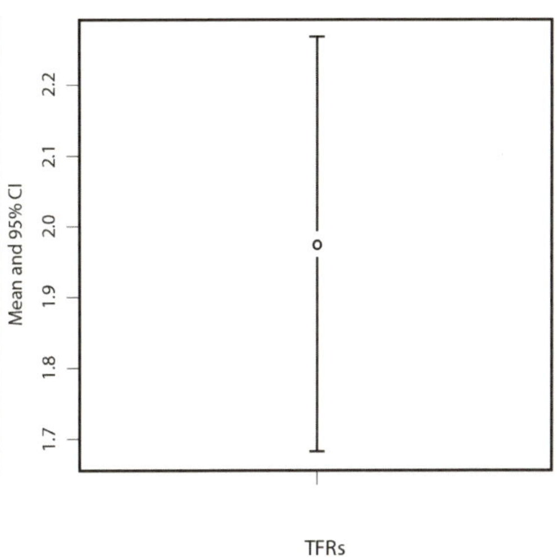

위 명령어를 실행하면 〈그림 9-1〉이 보이게 될 겁니다. 이는 모집단에 대한 평균과 95% 신뢰구간을 나타내게 되는데, 가운데 동그라미가 평균을 나타내고 위와 아래의 막대가 95% 신뢰구간을 나타내게 됩니다. 평균과 신뢰구간을 구하는 공식을 기억하시나요? 우리에게 주어진 정보에 따라 사용하는 공식이 다르긴 하지만 가장 일반적인 상황이라고 할 수 있는, 사례의 수가 충분히 크고 모집단의 표준편차를 모를 때 평균은 표본의 평균을 사용하고, 신뢰구간은 $\hat{\mu} \pm t_{1-\alpha/2, n-1} se = \hat{\mu} \pm t_{1-\alpha/2, n-1} s/\sqrt{n}$ 이라는 공식을 사용하게 됩니다. 이 공식에서 $t_{1-\alpha/2, n-1}$은 특정 α-수준, 통상 0.05 수준의 사례 수가 n인, 따라서 자유도가 $n-1$인 t-분포의 임계값(critical value)을 의미합니다. 이에 더해 se는 표준오차(standard error)를 나타내고, 이는 모집단 표준편차에 대한 추정치인 표본 표준편차 s를 사례 수 n의 제곱근으로 나누어 구하게 됩니다.

여기에서는 이 값을 계산해 보지 않고 그 계산 결과를 쉽게 볼 수 있는 [t.test]라는 명령어를 이용하여 평균과 신뢰구간을 보도록 하겠습니다. 다음의 명령어를 실행하여 그 결과를 살펴보도록 하겠습니다.

표 9-6 평균과 신뢰구간 보기

```
> t.test(tfr)

        One Sample t-test

data:  tfr
t = 13.571, df = 45, p-value < 2.2e-16
alternative hypothesis: true mean is not equal to 0
95 percent confidence interval:
 1.681674 2.267847
sample estimates:
mean of x
 1.974761
```

위의 명령어는 여러분이 아는 것처럼 집단 간 평균 차이에 대한 t-검정을 하는 명령어입니다. 여기에서는 변수 이름만 적어 넣었기 때문에, 위의 결과에서 보는 것처럼 평균이 0이라는 영가설을 검정하고 있습니다. 그리고 평균에 대한 추정값과 95% 신뢰구간을 보여주고 있는 것을 볼 수 있습니다. 이 값이 〈그림 9-1〉에 그려져 있는 것입니다.

현재 맥락에서 약간 빗나가는 것이지만, 위의 결과가 의미하는 바는 무엇인가요? 위에 [p-value < 2.2e-16]이라는 것은 *p*-값이 통상의 α-수준인 0.05보다 작아서 영가설을 기각한다는 것을 의미합니다. 따라서 모집단의 평균이 0이라는 영가설을 기각하게 되는 것이죠. 그런데 2.2e-16이라는 값이 얼마를 의미하는지 아시나요? e-k라는 수는 소수점이 k개만큼 왼쪽으로 움직여야 한다는 것을 e+k는 소수점이 k개만큼 오른쪽으로 움직여야 한다는 것을 뜻합니다. 예컨대 1.25e-3은 0.00125를 의미하고 1.25e+3은 1250을 의미합니다. 여기에서는 2.2e-16이라 소수점이 왼쪽으로 16번을 가면 그저 0이라고 보아도 무관한 값입니다.

〈그림 9-1〉을 그리는 명령어를 보면 [plotmeans]라는 명령어를 사용하고 있습니다. 그런데 이 안에 신뢰구간을 그리려고 하는 변수 이름을 적고 물결 표시를 한 후 무언가를 또 적어 넣었습니다. 이는 [plotmeans]라는 명령어가 R에서 특별하게 사용하는 공식 형태의 명령문을 적용하기 때문인데, 공식 형태의 명령문은 [종속 변수 ~ 설명 변수]로 나타내게 되며 이를 formula라고 합니다. 예를 들어 연도에 따른 합계출산율의 변화를 보려면 [tfr ~ year_c]로 적어 넣어주면 됩니다. 그런데 여기에서는 아무런 설명 변수가 없는 그림을 그려야 하기에 [rep(1, length(tfr))]이라는 객체를 만들어 주었습니다. 이 객체는 [tfr]의 사례 수만큼 1의 값을 가지게 되는 객체를 의미합니다. 이는 R에서 공식을 사용하는 용례에 의한 것인데, 이렇게 해 주면 다른 설명 변수가 없을 때 평균과 신뢰구간을 그릴 수 있다고 생각하시면 됩니다. 공식에 대한 사용방법은 차차 더 배우게 될 것입니다.

이제 〈그림 9-1〉을 약간 보기 좋게 바꾸는 명령어를 실행해 보겠습니다.

표 9-7 옵션을 넣은 신뢰구간 그림: 〈그림 9-2〉

```
plotmeans(tfr ~ rep(1, length(tfr)),
          xlab="TFRs", ylab="Mean and 95% CI",
          barcol=1, n.label=FALSE, legends="")
```

명령어의 첫 두 줄은 설명하지 않아도 아실 겁니다. [barcol] 옵션은 신뢰구간의 막대 색을 검은색으로 바꾸는 것이고 [n.label=FALSE]는 〈그림 9-1〉에서 x-축 위에 사례 수를 지우는 것이고 [legends=""]는 x-축 아래 1이라고 적혀 있던 부분을 지우는 옵션입니다. 앞서 배운

[legend] 명령어와는 다르게 [plotmeans]에서 [legends]는 x-축 값들을 의미한다는 점에 주의하시기 바랍니다.

이제 두 변수 사이의 관계를 살펴보고자 할 때, 집단 간 평균 및 신뢰구간의 차이를 살펴보는 그림을 그려보도록 합시다. 여기서는 합계출산율이 종속 변수가 되고 조사망률이 설명 변수가 되는 상황을 예로 들어 보겠습니다. 설명 변수와 종속 변수 모두 양적 변수인 경우 설명 변수의 값에 따른 종속 변수의 평균과 신뢰구간을 모두 구할 수는 없습니다. (왜 그럴까요?) 따라서 설명 변수를 범주화한 후 종속 변수의 변화를 살펴보는 것이 올바른 전략입니다. 우선 다음 명령문을 사용하여 조사망률을 범주화하도록 하겠습니다.

표 9-8 조사망률의 범주화

```
cdr_c <- cut(cdr, breaks=c(-Inf, 6, 7, Inf),
             labels=c("LT6", "6-LT7", "EToMT7"))
```

위의 명령문에서 “LT”는 “less than”을“EToMT”는 “equal to or more than”을 의미합니다. 이제 범주화된 조사망률의 값에 따른 합계출산율의 평균과 신뢰구간을 그려보도록 하겠습니다.

표 9-9 조사망률에 따른 합계출산율 변화: 〈그림 9–3〉

```
plotmeans(tfr ~ cdr_c)
```

위 명령문을 실행하면 〈그림 9-3〉이 만들어지면서 [zero-length arrow is of indeterminate angle and so skipped]라는 경고 표시가 뜹니다. 다음에 제시된 〈그림 9-3〉을 보면 조사망률의 다른 두 범주에는 신뢰구간의 끝을 알려주는 부분에 가로 선이 있는 것을 보지만, 가장 왼쪽에 있는 [LT6] 범주에는 이 선이 없는 것을 봅니다. [plotmeans]라는 명령어는 신뢰구간 끝을 알려주는 부분에 직각으로 교차하는 조그만 선을 [arrows]라는 명령어를 사용하여 그리되 신뢰구간 세로 선의 일정 비율로 그리도록 프로그램해 놓았는데, [LT6] 범주의 신뢰구간 길이가 상대적으로 너무 적게 나오기 때문에 이 선을 그릴 수 없다는 경고 표시가 뜬 것입니다.

그림 9-3 조사망률에 따른 합계출산율 변화

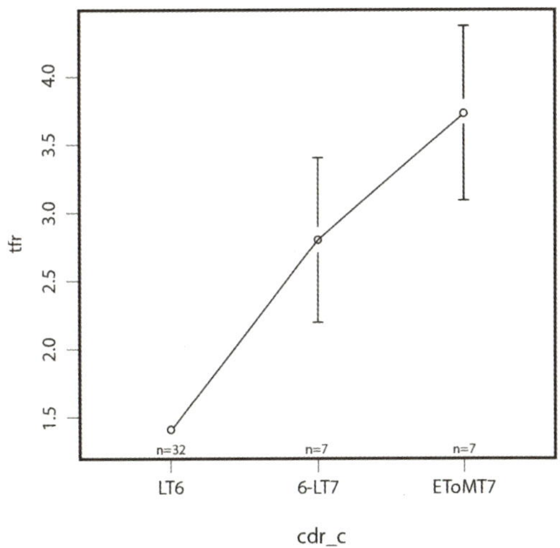

그림 9-4 옵션을 넣은 합계출산율 그림

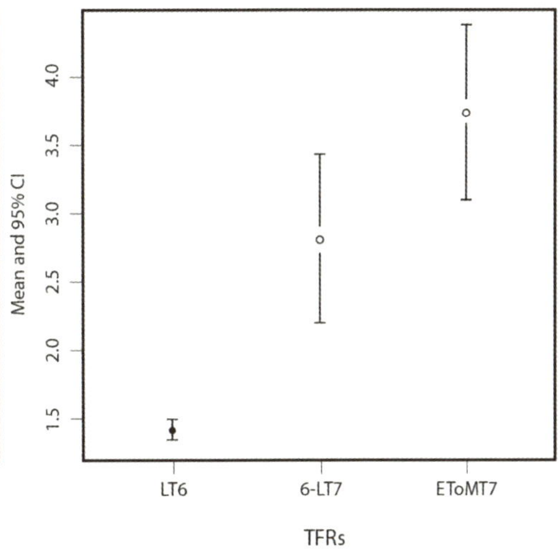

앞서 [t.test]라는 명령어는 평균과 신뢰구간을 보여준다는 것을 배웠는데, 이 명령어와 그 전에 배운 명령어를 활용하여 〈그림 9-3〉에서 그려진 신뢰구간의 각 값을 보여주는 명령어를 생각할 수 있으신가요? 네, [tapply]라는 명령어를 이용하면 되겠죠?

표 9-10 조사망률에 따른 합계출산율 신뢰구간: 선택적 결과

```
> tapply(tfr, cdr_c, t.test)
$LT6
t = 37.056, df = 31, p-value < 2.2e-16
95 percent confidence interval:
 1.329118 1.483944
mean of x
 1.406531

$`6-LT7`
t = 11.333, df = 6, p-value = 2.826e-05
95 percent confidence interval:
 2.203303 3.416697
mean of x
     2.81
```

```
$EToMT7
t = 14.311, df = 6, p-value = 7.283e-06
95 percent confidence interval:
 3.098180 4.376106
mean of x
 3.737143
```

위의 표는 [tapply]를 이용하여 구한, 조사망률의 범주에 따른 합계출산율의 평균과 신뢰구간 결과를 편집하여 보여주고 있습니다. 이 결과를 보면, 예를 들어 조사망률이 6보다 작았을 때, 합계출산율의 평균은 1.407 정도이며 신뢰구간은 [1.329, 1.484]입니다.
이제 이 결과를 이용하여 〈그림 9-3〉을 좀 더 예쁘게 표현한 〈그림 9-4〉를 그려보도록 하겠습니다.

표 9-11 조사망률에 따른 합계출산율 변화: 〈그림 9-4〉

```
plotmeans(tfr ~ cdr_c,
          xlab="TFRs", ylab="Mean and 95% CI",
          barcol=1, barwidth=2,  n.label=FALSE, connect=FALSE)
lines(c(0.97, 1.03), c(1.329, 1.329), lwd=2)
lines(c(0.97, 1.03), c(1.484, 1.484), lwd=2)
lines(c(1,1), c(1.329, 1.484), lwd=2)
```

위 명령어 구문 중 [plotmeans]라는 명령문에서 [barwidth]와 [connect=FALSE]라는 옵션이 추가된 것을 봅니다. 전자는 신뢰구간을 나타내는 선 넓이를 2로 주어 진하게 표시한 것이며, 후자는 〈그림 9-3〉에서 나타난 평균을 연결하는 선을 제거한 것입니다. 이후에 [lines]라는 명령어는 [LT6] 범주의 신뢰구간 그림을 다시 그리도록 만든 것입니다. 첫 번째 [lines]는 하한의 가로 선을, 두 번째 [lines]는 상한의 가로 선을, 세 번째 [lines]는 세로의 신뢰구간을 그리도록 하였습니다. 이를 보면 [lines]의 첫 번째 값들은 x-축의 값을, 두 번째 값들은 y-축의 값들을 나타낸 것을 알 수 있습니다. 이에 더해 [lwd=2]라는 옵션을 설정함으로써 [plotmeans]에서 [barwidth=2]로 옵션을 준 것과 동일한 선 너비를 갖도록 하였습니다.
〈그림 9-3〉과 〈그림 9-4〉를 보시면 조사망률이 높아지면 합계출산율이 높아지는 것을 볼 수

있습니다. 그렇다면 과연 이 차이가 통계적으로 유의미한 것일까요? [LT6]와 [6-LT7]의 신뢰구간이 겹치지 않는 것으로 보아 이 두 집단의 차이는 통계적으로 유의미할 것으로 판단됩니다. 또한 [6-LT7]의 신뢰구간이 [EToMT7]의 평균을 포함하지 않는 것으로 보아 이 두 집단 간 평균 차이도 통계적으로 유의미할 것으로 생각됩니다.

실제 그런지는 [t.test] 명령어를 사용하여 확인할 수 있습니다. 예를 들어 마지막 두 집단의 평균 차이를 검정하기 위해서는 [〉 t.test(tfr ~ cdr_c, subset=cdr_c!="LT6")] 명령어를 실행하면 됩니다. 그 결과 p-값이 0.024가 나오기 때문에 통상의 0.05 α-수준에서 영가설을 기각하게 됩니다. 여기서 [t.test] 명령어에서도 공식(formula)을 활용하였다는 것을 눈여겨보시기 바랍니다. 한 가지 짚고 넘어가야 할 사항은 [t.test]에서는 집단들의 분산이 다르다는 가정에 따라 영가설을 검정한다는 것을 앞서 배웠습니다. [〉 ?t.test]를 실행하여 집단들의 분산이 같다는 가정을 하려면 어떤 옵션이 필요한지 다시한번 살펴보시기 바랍니다.

만약 한꺼번에 세 집단 간 평균비교를 하려면 어떻게 하죠? 네, 분산분석을 하시면 되겠죠? 분산분석은 모든 집단의 평균이 동일하다는 영가설 하에 집단 간 제곱 (between-group sum of squares) 평균과 집단 내 제곱 (within-group sum of squares) 평균의 비를 구한 후, 이 검정 통곗값이 F-분포를 따른다는 가정하에 p-값을 구하여 영가설을 검정합니다. F-분포는 두 개의 자유도 즉 분자의 자유도와 분모의 자유도를 가지고 있는데, 집단 간 제곱 평균의 분모가 분자의 자유도가 되며 집단 내 제곱 평균에서 분모가 분모의 자유도가 됩니다. 이 검정은 F-분포를 이용하기 때문에 흔히 F-검정이라고도 알려져 있습니다. 덧붙여 F는 통계학의 아버지라고 할 수 있는 Ronald Fisher의 F를 따온 것이라는 점도 알려드립니다.

여하튼 R에서 분산분석의 명령어는 analysis of variance를 뜻하는 [aov]입니다. 다음과 같은 명령어 실행결과를 어떻게 해석할 수 있나요?

표 9-12 조사망률에 따른 합계출산율 분산분석

```
> summary(aov(tfr ~ cdr_c))
            Df Sum Sq Mean Sq F value Pr(>F)
cdr_c        2  36.96   18.48   115.6 <2e-16 ***
Residuals   43   6.88    0.16
---
Signif. codes:  0 '***' 0.001 '**' 0.01 '*' 0.05 '.' 0.1
```

위의 결과에서 [cdr_c] 행에 있는 부분이 집단 간 제곱에 관한 결과이고 [Residuals]라고 되어 있는 행이 집단 내 제곱에 관한 것입니다. [Df]는 자유도이고 [Sum Sq]는 제곱 합이며 [Mean Sq]는 제곱 평균이 됩니다. 제곱 합을 각 자유도로 나누면 제곱 평균이 된다는 것을 확인해 보세요. 그리고 [F value]는 앞서 말씀드린 것처럼 집단 간 제곱 평균을 집단 내 제곱 평균으로 나눈 값이고, [Pr(〉F)]는 이 검정 통곗값의 *p*-값입니다. 이 결과를 보고 어떤 결론을 내리게 되는 건가요? 네, 그렇습니다. *p*-값이 0.05보다 작아서 모든 집단의 평균이 동일하다는 영가설을 기각하게 됩니다.

열 번째 주

week 10

상자 그림과 산포도

- 양적 변수의 기초 통계인 5개 요약 값을 그래픽으로 나타내는 상자그림을 만드는 방법을 배운다.
- 두 양적 변수의 관계를 보여주는 산포도(scatter plot)를 그려본다.
- 다중회귀분석의 한 형태인 최소제곱법(least squares method)에 대해 논의한다.

1. 상자 그림(box-and-whisker plot)

양적 자료의 분포를 그림으로 보여주기 위해 널리 사용되는 또 하나의 그림이 상자 그림(box-and-whisker plot)입니다. 상자 그림은 양적 자료의 대표적인 기술 통계인 4분위 수를 이용하여 자료를 시각화한다는 점에서 평균과 신뢰구간 그림과는 다릅니다. 각설하고 다음과 같은 명령어를 사용하여 합계출산율에 대한 상자 그림을 그려보도록 하겠습니다.

표 10-1 합계출산율 상자 그림: 〈그림 10-1〉

```
boxplot(tfr)
```

[boxplot] 명령어 안에 변수 이름을 적어 실행하면 〈그림 10-1〉에 있는 상자 그림을 그릴 수 있습니다. 이 상자 그림을 어떻게 해석할 것인지 보여주는 그림이 옆에 있는 〈그림 10-2〉입니다. 상자 그림은 가운뎃줄이 있는 하나의 상자에, 이 상자의 위와 아래에 놓여 있는 수염(whisker)으로 구성되어 있습니다. 상자의 가운데는 중간값(median)을 보여주고, 아랫부분

그림 10-1 합계출산율 상자 그림

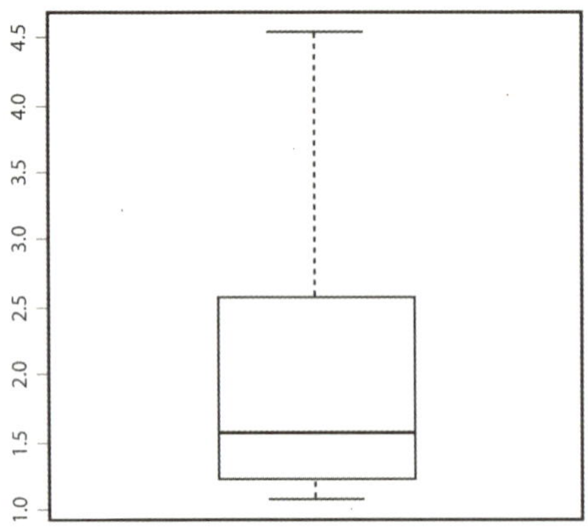

그림 10-2 상자 그림 설명

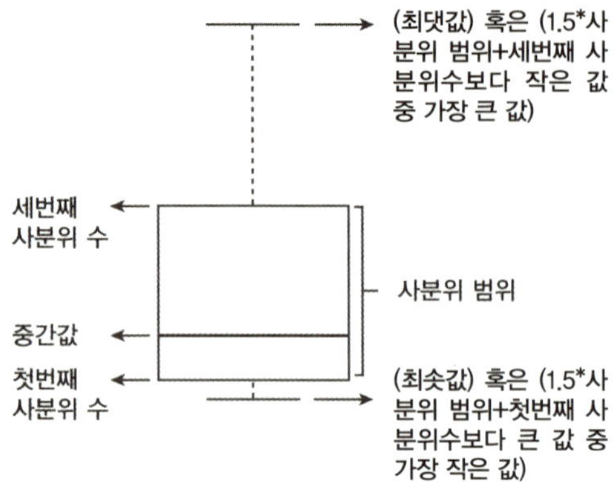

은 첫 번째 4분위 수(1st quartile)를 윗부분은 세 번째 4분위 수(3rd quartile)를 의미합니다. 따라서 상자의 위와 아래의 차이는 사분위 범위(inter-quartile range)를 뜻하게 됩니다. 그리고 상자 위에 있는 수염은 최댓값이나, 세 번째 4분위 수 + 1.5×사분위 범위를 구한 값보다 작은 값을 가진 사례 중 가장 큰 값, 이 두 값 중 작은 값을 표시합니다. 만약 세 번째 4분위 수에 1.5×사분위 범위를 합한 값보다 큰 사례들이 있다면, 이 값보다 작지만 가장 큰 값을 가지는 사례 값에 수염을 그리고 그 위에 이 값들을 점으로 표시하게 됩니다. 하지만 합계출산율의 경우 이런 값이 없고, 최댓값이 세 번째 4분위 수 + 1.5×사분위 범위를 취한 값보다 작아서 그 최댓값이 있는 곳에 수염을 그렸습니다. 상자 아래에 있는 수염도 이런 방식으로 최솟값 혹은 첫 번째 4분위 수에 1.5×사분위 범위를 더한 값보다 크지만, 그중 가장 작은 값을 그리게 됩니다.

평균과 신뢰구간 그림이 있는데, 굳이 이런 그림을 그리는 이유가 무엇일까요? 〈그림 9-1〉과 〈그림 10-1〉을 비교해 보면 그 이유를 쉽게 알 수 있습니다. 〈그림 9-1〉을 보면 평균을 기준으로 상한과 하한이 대칭되는 분포를 생각하게 되어 최솟값과 최댓값이 평균과 동일한 거리에 떨어져 있다고 판단하기 쉽습니다. 하지만 실제 자료는 이런 대칭 분포를 이루기보다는 〈그림 10-1〉에서 유추할 수 있는 것처럼 오른쪽으로 편포(skewed)된 분포를 보입니다. 중간값을 기준으로 왼쪽에 있는 값 즉 중간값보다 작은 값들은 오밀조밀한 분포를 보이고 있지만, 오른쪽에 있는 분포 다시 말해 중간값보다 큰 값들은 넓게 내려가는 분포를 보이는 것입니다. 따라서 어떤 변수의 분포를 볼 때는 평균과 신뢰구간만을 보기보다는 〈그림 10-1〉과 같이 상자 그림을 그려 분포의 대칭 정도도 살펴보는 것이 오류를 줄이는 방법이라 하겠습니다.

이제 다음 명령어를 실행하여 조사망률의 범주에 따른 합계출산율의 상자 그림을 살펴보도록 하겠습니다.

표 10-2 조사망률 범주에 따른 합계출산율 상자 그림: 〈그림 10-3〉

```
boxplot(tfr ~ cdr_c, ylab="TFRs", xlab="Categorized Crude Death Rates")
```

그림 10-3 조사망률에 따른 합계출산율 그림

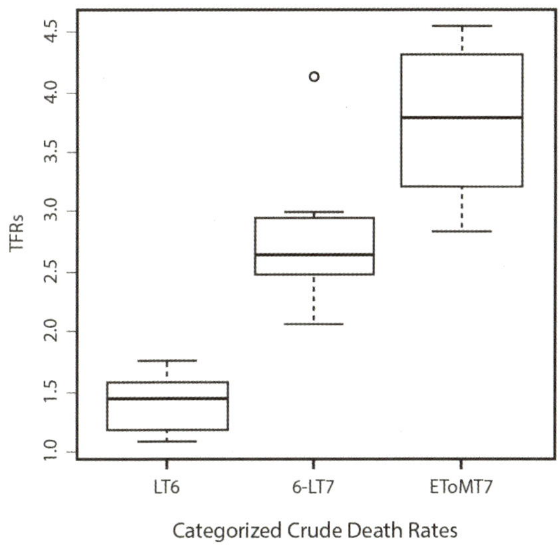

위 명령어에서는 공식을 사용하여 조사망률 범주에 따른 합계출산율의 상자 그림을 그리고 x-축과 y-축 이름을 넣었습니다. 이 그림을 보면 [6-LT7] 범주의 상자 그림 위쪽에 하나의 점이 표시된 것을 볼 수 있습니다. 이는 이 범주의 최댓값이 세번째 사분위 수 + 1.5×사분위 범위 값보다 크기 때문에 이를 점으로 표시하였으며, 두 번째 최댓값은 3분위 수보다 그리 크지 않기 때문에 상자의 윗부분 근처에 수염으로 표시되어 있습니다. 다른 범주에서는 최댓값이나 최솟값이 상자 가장자리로부터 1.5배 이상 벗어나지 않기 때문에 수염으로 표시된 것을 봅니다.

이 그림들을 그린 원래 취지에서 〈그림 10-3〉을 보더라도 조사망률이 높아지면 출산율이 높아진다는 것을 역사적인 시간에 따라서 다시 이야기하면, 조사망률이 떨어지면서 출산율이 떨어진다는 것을 쉽게 파악할 수 있습니다.

2. 산포도(scatter plot)

지금까지 설명 변수 및 종속 변수 모두 양적 변수인 경우 설명 변수를 범주화하여 두 변수의 관계를 살펴보는 그림을 그렸습니다. 하지만 양적 변수를 질적 변수로 바꾸는 것은 정보의 손실을 주므로 설명 변수를 범주화하는 것은 그리 좋은 선택은 아닙니다. 따라서 두 양적 변수의 관계를 정보의 손실 없이 쉽게 시각화할 수 있으면 좋을 것입니다. 다행히 이런 그림이 존재하고 흔히 이를 산포도(scatter plot)라고 합니다. 산포도를 그리는 명령어는 [plot]입니다.

표 10-3 조사망률과 합계출산율 산포도: 〈그림 10-4〉

```
plot(cdr, tfr)
```

그림 10-4 조사망률과 합계출산율 산포도

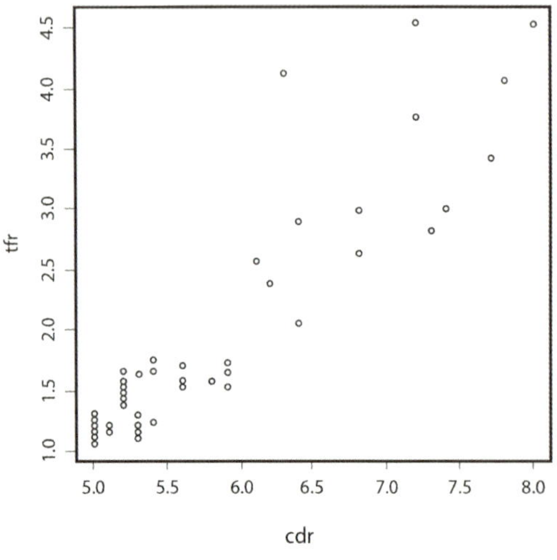

그림 10-5 LOESS와 회귀선이 들어간 산포도

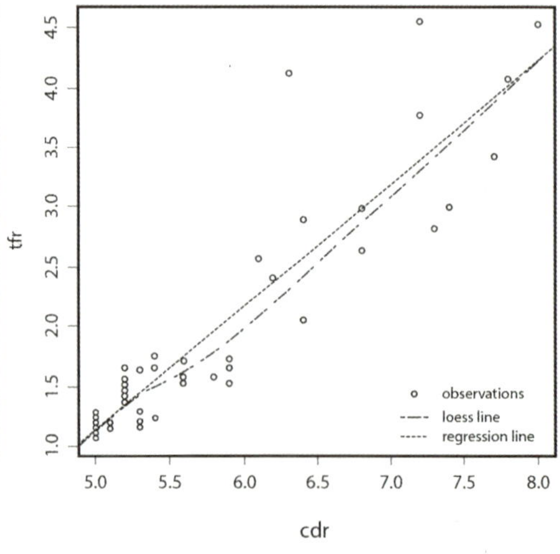

[plot]이라는 명령어에 x-축 변수 이름과 y-축 변수 이름을 순서대로 적어주면 〈그림 10-4〉와 같은 산포도를 그릴 수 있습니다. 산포도는 그 그림에서 알 수 있는 것처럼 x-축에 설명 변수의 값을 보여주고, y-축에 종속 변수의 값을 보여주는데, 각 사례의 변숫값이 교차하는 곳에 점으로 표시하게 됩니다. 그림의 관점에서 이야기하면 산포도에서 각 점은 각 사례를 의미하는데, 이 점은 x-값과 y-값을 가지고 있어 [plot] 명령어의 첫 번째 변수 이름은 x-값을, 두 번째 변수 이름은 y-값을 설정하게 됩니다. 이런 방식으로 〈그림 10-4〉를 보면 설명 변수의 값이 변하면서 종속 변수의 값이 변하는지 그렇지 않은지를 쉽게 알 수 있습니다. 〈그림 10-4〉는 설명 변수인 조사망률이 커지면 종속 변수인 합계출산율도 높아진다는 것을 보여주고 있습니다.

여기서 한 가지 덧붙이고 싶은 것은 [plot]이라는 명령어를 사용할 때, 위에서처럼 설명 변수와 종속 변수의 이름을 쉼표로 사용하여 차례대로 써줄 수도 있지만 공식을 사용하여 그림을 그릴 수도 있다는 점입니다. 즉 앞의 명령어 대신 [> plot(tfr ~ cdr)]이라는 명령어를 사용해도 같은 그림을 그릴 수 있다는 점입니다. 이때 설명 변수와 종속 변수의 이름을 적어주는 순서가 다르다는 것을 확인해 두시기 바랍니다.

〈그림 10-4〉처럼 산포도만 보여줄 수도 있지만 두 변수의 관계를 하나의 선으로 요약하는 회귀선(regression line)을 같이 넣어주면 더욱 많은 정보를 전달하게 될 것입니다. 회귀선은 가장 널리 사용되는 최소제곱법을 사용하여 설명 변수가 한 단위 변하면 종속 변수가 얼마나 변하는지를 보여주는 선입니다. 즉 우리의 모형을 $TFR = \beta_0 + \beta_1 CDR + \epsilon$ 나타낼 때, 기울기인 β_1의 값을 의미합니다.

하지만 이런 회귀선은 설명 변수가 종속 변수에 주는 영향이 모든 설명 변수의 구간에서 동일하다는 것을 가정하고 있습니다. 예를 들어 조사망률이 5.0에서 5.5로 변할 때 기울기와 5.5에서 6.0으로 변할 때의 기울기가 같다는 가정을 하고 있습니다. 이런 가정 없이 설명 변수의 구간을 잘게 쪼개어 각 구간의 회귀선을 연결하는 부드러운 곡선을 같이 넣어주면 이 회귀선이 얼마나 모형에 적합하지 또한 판단할 수 있으므로, 더 많은 정보를 전달할 수 있을 것입니다.

이제 이런 선들을 넣은 산포도를 그려 보도록 하겠습니다. 우선 회귀선을 넣고자하기에 일반 최소제곱법(ordinary least squares)을 사용한 조사망률과 합계출산율의 관계를 살펴보도록 하겠습니다.

표 10-4 합계출산율을 조사망률에 회귀시킨 결과

```
> fit1 <- lm(tfr ~ cdr)
> summary(fit1)

Call:
lm(formula = tfr ~ cdr)

Residuals:
     Min       1Q   Median       3Q      Max
-0.67903 -0.23159  0.00387  0.15030  1.64757

Coefficients:
            Estimate Std. Error t value Pr(>|t|)
(Intercept) -3.99509    0.40695  -9.817 1.18e-12 ***
cdr          1.02659    0.06921  14.832  < 2e-16 ***
---
Signif. codes:  0 '***' 0.001 '**' 0.01 '*' 0.05 '.' 0.1 ' ' 1

Residual standard error: 0.4075 on 44 degrees of freedom
Multiple R-squared:  0.8333,    Adjusted R-squared:  0.8295
F-statistic:   220 on 1 and 44 DF,  p-value: < 2.2e-16
```

위의 명령어에서 linear model의 약자인 [lm]이 일반 최소제곱법을 사용한 회귀분석 결과를 산출하는 명령어입니다. 그리고 이 명령어 안에 종속 변수는 [tfr]을, 설명 변수는 [cdr]을 나타내는 공식을 사용하여 모형을 추정한 것입니다. 그리고 그 결과를 [fit1]이라는 객체에 저장하도록 하였습니다. 두 번째 명령어에서 이 결과를 요약적으로 보여주고 있습니다. 이 결과에 나오는 정보를 해석할 수 있으신가요?

[Call]이라는 부분은 명령어를 보여주고 있습니다. [Residuals]이라는 부분은 잔차의 분포를 보여주고 있는 것이구요. 아마도 [Coefficients]라는 부분이 가장 중요할 텐데 [(Intercept)]는 y-절편을 뜻하고, [cdr]은 설명 변수의 기울기를 뜻하겠죠? 그리고 각 계수의 추정값과 표준오차, t-값, p-값이 나와 있습니다. [cdr]에 있는 계수 1.027을 어떻게 해석하는지 기억하시나요? 그 p-값이 매우 적게 나왔는데, 이것은 어떻게 해석하지요?

마지막 부분에는 [Residual standard error]가 나오는데, 이 값은 무엇을 의미하며 왜 여기에 자유도가 44인가요? [Residual standard error]는 잔차의 표준편차에 대한 추정값 $\hat{\sigma}$을 의미

합니다. 즉 현재 모형이 $TFR = \beta_0 + \beta_1 CDR + \epsilon$라고 하면 잔차인 ϵ의 표준편차에 대한 추정값입니다. 이 자유도가 44인 것은 이 분석의 사례 수가 46개인데, 추정값을 구하는데 두 개의 계수를 구하는 과정에서 2개의 자유도를 사용하였기 때문에 44개의 자유도가 있는 것이구요.

그리고 R-squared는 모형의 적합도를 판단하기 위해 많이 사용하는 R-제곱 값을 보여주고 있습니다. 이는 단순히 평균을 사용하여 예측할 때 나오는 전체제곱 합 중 얼마나 많은 부분을 설명 변수가 설명하는가를 나타내는 것이라고 할 수 있습니다. 여기에서의 결과를 보면 전체제곱 합의 83.3%를 설명한다는 것입니다. 아마 여러분이 사회과학 자료를 분석하면서 이 정도로 큰 R-제곱 값을 보는 경우는 거의 없을 것입니다.

마지막으로 F-통곗값이 나오는데, 이는 모든 설명 변수의 계수가 0이라는 영가설을 검정하는 통곗값입니다. 설명변수가 양적 변수인 경우도 사용할 수 있도록 앞서 언급한 분산분석(ANOVA)를 보다 일반화한 검정 방법이라고 생각하시면 됩니다. 그 결과를 보면 통곗값이 220이면서 p-값이 0과 크게 다르지 않아 영가설을 기각하는 결과를 얻습니다.

이때 F-통곗값이 계수의 t-값을 제곱한 것과 같다는 것과 두 검정의 p-값이 같다는 것이 보이시나요? 이건 왜 그런 거죠? 네, 그렇습니다. 자유도가 d인 t-분포 값들을 제곱하면 분자의 자유도가 1이고 분모의 자유도가 d인 F-분포 값들을 얻습니다. 현재의 경우 계수의 검정 통곗값이 자유도 44인 t-분포를 따르고, F-검정 값은 1, 44인 자유도를 가진 F-분포를 따르기 때문에, t-값을 제곱하면 F-값을 얻지만 유의도인 p-값은 동일하게 나옵니다.

이제 여러분은 일반 최소제곱법으로 결과를 얻고 해석하는 방법을 배웠습니다. 물론 여기에서는 설명 변수가 하나였지만 곧 여러 개의 설명 변수가 있을 때, 모형을 추정하고 결과를 해석할 것입니다.

위에서 회귀선을 추정했으니 앞서 말한 것처럼 이 회귀선을 산포도에 넣는 그림을 그려보도록 하겠습니다.

표 10-5 LOESS와 회귀선이 들어간 산포도: 〈그림 10–5〉

```
plot(cdr, tfr)
scatter.smooth(cdr, tfr, lpars=list(lty=2)
      , xlab="Crude Death Rates", ylab="Total Fertility Rates")
abline(fit1, lty=3)
legend(7.1, 1.5, pch=c(1, NA, NA), lty=c(NA,2:3),
       c("observations", "loess line", "regression line"), bty="n")
```

여기서 한 가지 주의할 점은 [plot] 명령어가 아닌 [scatter.smooth] 명령어에 x-축과 y-축 이름을 덧붙였다는 점입니다. 이는 [scatter.smooth] 명령어에 각 축 이름을 넣도록 하는 명령어가 들어 있어서, 이전 명령어인 [plot]으로 넣은 이름은 무시하고 새로 그리도록 설정되어 있기 때문입니다. 그래서 먼저 나온 명령어의 옵션은 그림에 반영되지 않고, 뒤에 나온 명령어의 옵션이 그림에 들어간 것입니다. 여러분이 [plot] 명령어에 각 축의 이름을 넣고 [scatter.smooth]에는 아무것도 넣지 않는다면 어떻게 되는지 확인해서 이 설명이 무엇을 의미하는지 다시 새겨보도록 하시기 바랍니다.

세 번째 명령어에서는 위에서 추정한 회귀선을 넣어 주기 위해 [abline]이라는 명령어를 사용하였습니다. 그 명령어 안에 최소제곱법 추정 결과 객체 이름을 넣어주니 회귀선을 그려준다는 것과 그 선의 형태를 [lty=3]이라는 옵션으로 설정해 준 것을 알 수 있습니다.

그리고 마지막으로 [legend] 명령을 사용하여 범례를 넣어 주었습니다. 처음 두 숫자는 범례가 들어갈 위치를 지정하고 있고 [pch]라는 옵션은 동그라미를 그린 후 다음 두 개는 아무것도 그리지 말 것을 설정하고 있으며 [lty] 옵션은 처음에는 선을 그리지 말고 다음 두 부분에서 큰 점선(dashed line)과 작은 점선(dotted line)을 각각 그리도록 설정했습니다. 이런 방식으로 〈그림 10-5〉의 범례에서 보는 것처럼 원과 큰 점선, 작은 점선을 차례대로 그릴 수 있습니다. 여기서 [pch]는 각 사례의 그림을 어떻게 나타낼 것인가를 선택하는 것인데, 지난번에도 소개한 바 있는 웹사이트(http://www.statmethods.net/advgraphs/parameters.html/)를 방문하면 [pch]의 다양한 종류에 대해서 보실 수 있습니다. 마지막 줄에서는 범례에 있는 각 기호의 설명을 적어 넣어 주었습니다. 그리고 [bty="n"]라는 옵션을 사용하여 범례 둘레에 사각형을 그리지 않도록 설정하였습니다. 이 옵션을 지운 후 그림을 그려보면 어떤 부분이 달라지는지 쉽게 볼 수 있습니다.

이렇게 다양한 명령어를 사용하여 산포도를 그린 〈그림 10-5〉를 보면 매우 많은 정보를 포함하고 있음을 볼 수 있습니다. 각 사례의 위치뿐 아니라 회귀선에 더해 LOESS 곡선도 포함하고 있습니다. LOESS 곡선을 보면 중간에 변곡점이 있어서 회귀선의 기울기가 달라지는 것으로 판단할 수도 있으나 회귀선과 그 차이가 그리 크지 않아 회귀선만으로 설명해도 그리 큰 문제가 있는 것 같지는 않습니다. 따라서 이런 경우 회귀선이 좋은 자료 축소 기법이라고 판단할 수 있습니다.

3. 다중회귀분석

지금까지는 설명 변수와 종속 변수의 두 변수 관계를 보는 통계와 그림을 살펴보았습니다. 마지막으로 다른 변수를 통제한 상태에서 두 변수의 관계를 살펴보는 회귀분석의 한 기법인 최소제곱법(least squares method)의 결과를 R로 만들어 보는 시간을 갖도록 하겠습니다. 왜 이런 회귀분석을 하는가에 대해서는 다음 장에서 더욱 상세하게 다룰 것입니다. 우리의 핵심 가설인 사망력이 떨어지면 출산력이 떨어진다는 가설을 검정할 때, 두 변수 즉 사망력과 출산력에 영향을 주는 다른 변수를 통제하기 위해 다른 설명 변수를 회귀식에 포함하게 된다는 정도만 언급하도록 하겠습니다.

앞서 살펴본 것처럼 최소제곱법 결과를 얻기 위해서 사용하는 명령어는 [lm]입니다. 조사망률에 더해 연도 변수와 결혼 수를 설명 변수로 넣은 결과는 다음과 같이 얻을 수 있습니다.

표 10-6 연도와 결혼 수를 더한 회귀분석

```
> fit2 <- lm(tfr ~ cdr + year + marn)
> summary(fit2)

Call:
lm(formula = tfr ~ cdr + year + marn)

Residuals:
     Min       1Q   Median       3Q      Max
-0.59306 -0.22116  0.05414  0.18386  0.56061
```

```
Coefficients:
              Estimate Std. Error t value Pr(>|t|)
(Intercept)  8.292e+01  1.524e+01   5.441 2.52e-06 ***
cdr          3.831e-01  1.171e-01   3.271  0.00215 **
year        -4.077e-02  7.258e-03  -5.618 1.40e-06 ***
marn        -5.577e-06  1.005e-06  -5.551 1.75e-06 ***
---
Signif. codes:  0 '***' 0.001 '**' 0.01 '*' 0.05 '.' 0.1 ' ' 1

Residual standard error: 0.2942 on 42 degrees of freedom
Multiple R-squared:  0.917,     Adjusted R-squared:  0.9111
F-statistic: 154.8 on 3 and 42 DF,  p-value: < 2.2e-16
```

이 표를 보고 각 결과가 무엇을 의미하는지 해석할 수 있으신가요? 다른 결과를 해석하는 것은 모두 같고 각 계수는 이제 "다른 변수를 통제한 상태에서 각 변수가 한 단위 변할 때 종속변수인 합계출산율이 얼마나 변하는지를 보여주는 것"이라고 해석하면 됩니다. 그리고 위 결과의 마지막에 나온 F-통계의 영가설과 그 결과가 뜻하는 바가 무엇인지 이해할 수 있어야 합니다.

회귀분석 통계 시간에 배운 것을 상기하시면 두 개의 모형을 비교하는 검정방법을 배운 적이 있다는 것을 기억할 겁니다. 현재의 맥락에서 다음과 같은 두 모형을 비교하고자 합니다.

축소 모형(reduced model) : $TFR = \beta'_0 + \beta'_1 CDR + \epsilon'$

완전 모형(full model) : $TFR = \beta_0 + \beta_1 CDR + \beta_2 YEAR + \beta_3 MARN + \epsilon$

이때 영가설은 두 모형이 동일한 설명력을 지닌다, 혹은 $\beta_2 = \beta_3 = 0$이었습니다. 이 가설을 검정하는 방법은 다음과 같습니다.

표 10-7 두 모형의 비교 결과

```
> anova(fit1, fit2)
Analysis of Variance Table

Model 1: tfr ~ cdr
Model 2: tfr ~ cdr + year + marn
  Res.Df    RSS Df Sum of Sq      F    Pr(>F)
1     44 7.3056
2     42 3.6364  2    3.6692 21.189 4.338e-07 ***
---
Signif. codes:  0 '***' 0.001 '**' 0.01 '*' 0.05 '.' 0.1 '
```

[anova]라는 명령어를 사용하여 비교하고자 하는 두 모형의 추정결과를 담고 있는 객체를 적으면 두 모형을 비교하는 결과를 보여줍니다. 위 결과를 보면 *p*-값이 0과 별반 차이를 보이지 않기 때문에, 이 검정은 통계적으로 유의미하다는 결론을 내릴 수 있습니다. 즉 영가설을 기각하게 됩니다. 따라서 축소 모형보다는 완전 모형을 선호하는 결정을 하게 됩니다.

마지막으로 핵심 설명 변수를 조사망률이 아닌 기대수명으로 사용하여 모형을 추정해 보도록 하겠습니다.

표 10-8 기대수명을 활용한 합계출산율 예측

```
> fit3 <- lm(tfr ~ le0 + year + marn)
> summary(fit3)

Call:
lm(formula = tfr ~ le0 + year + marn)

Residuals:
     Min       1Q   Median       3Q      Max
-0.50382 -0.26061  0.02444  0.21534  0.76559

Coefficients:
              Estimate Std. Error t value Pr(>|t|)
(Intercept)  1.431e+02  1.629e+02   0.879    0.385
le0          1.453e-02  1.812e-01   0.080    0.936
year        -7.011e-02  8.836e-02  -0.794    0.432
marn        -7.210e-06  1.006e-06  -7.169 9.54e-09 ***
```

```
---
Signif. codes:  0 '***' 0.001 '**' 0.01 '*' 0.05 '.' 0.1 ' ' 1

Residual standard error: 0.3289 on 41 degrees of freedom
  (1 observation deleted due to missingness)
Multiple R-squared:  0.8975,	Adjusted R-squared:   0.89
F-statistic: 119.7 on 3 and 41 DF,  p-value: < 2.2e-16
```

이 결과를 볼 때 조사망률 대신 기대수명을 사용하면 기대수명과 연도가 모두 통계적으로 유의미하지 않은 결과를 보여주게 됩니다. 왜 이런 결과가 나오는가에 대해서는 여러분이 천천히 생각해 보도록 하세요. 위의 결과 끝부분을 보면 결측값으로 인해 사례 하나가 분석에서 누락되었다는 표시를 보여주고 있습니다. 이 결측값은 어디에서 나온 것인가요?

열한 번째 주 week 11

인과론

- 설명 변수가 두 개 이상인 회귀 분석을 하는 이유를 인과론(causality)의 관점에서 논의한다.
- 통계적 방법으로 인과 관계를 추론할 때 주의해야할 사항들인 역인과 관계(reverse causality), 혼동(confounding) 변수, 매개(mediating) 변수에 대해 설명한다.

1. 이번 장 논의

사회과학도를 비롯한 모든 과학자는 한 변수가 다른 변수에 영향을 주는가? 만약 상황에 따라 다르다면 어떠한 상황에서 영향을 주는 것인가를 항상 고민합니다. 이러한 고민을 해결하는 가장 널리 알려진 방법은 아마도 관찰 자료를 활용하여 두 변수의 관계를 살펴보는 것입니다. 물론 Fisher 이후 실험이 가장 핵심적인 연구방법이 되었지만, 실험을 할 수 없거나 실험에서 나오는 정책적 함의가 매우 협소할 수밖에 없는 사회과학의 특성상 관찰 자료를 분석하는 연구(observational studies; Rosenbaum, 2002)는 두 변수의 관계를 추정하는 가장 일반적인 방법으로 자리 잡고 있습니다.

하지만 누구나 인식하고 있듯이 관찰 연구는 다양한 편의(bias)의 가능성이 존재하여 어떤 추정된 계수가 진정한 인과효과(true causal effect)를 보여주는 것인지 아니면 알려진 혹은 알려지지 않은 요인에 의해 편의(bias)되어 있는지 측정하기 쉽지 않습니다.

회귀 분석(regression analysis) 특히 일반 최소제곱법(ordinary least squares)이 지배적인 자료 분석방법이 되면서 누락된 변수에 의한 편의(omitted variable bias)는 모든 연구자의 불편한 마음 한 칸을 차지하고 있고 이를 해결하기 위한 다양한 방법들이 개발되었습니다.

누락된 변수에 의한 편의가 매우 핵심적인 사회과학의 문제이기 때문에 사회과학도들은 결과 혹은 종속 변수(outcome variable, 흔히 Y로 쓰는 변수)와 관계된 가능한 모든 변수를 통제해야 한다는 강박관념을 가지게 되었습니다. 그럼에도 불구하고 이렇게 가능한 한 많은 변수를 통제하는 것이 가지는 문제점에 대해서는 잘 인식하고 있지 못한 것이 현실의 학계 실정입니다.

이 강의에서는 이러한 인식에 기초하여 두 변수 즉 원인 변수{causal variable: 혹은 인과 변수, 처치 변수(treatment variable)} T와 결과 변수 Y의 관계를 파악하고자 할 때 인과론(causality)의 관점에서 어떠한 부분들이 고려의 대상이 되어야 하는가를 논의합니다. 그럼으로써 어떤 변수를 통제해야 하고, 어떤 변수를 통제하지 말아야 하는지에 대한 판단력을 키워나갑니다. 첫 번째 부분에서는 역인과관계(reverse causality)를 문제시합니다. 두 변수 사이에 인과관계가 있어 회귀 분석의 계수가 유의미하게 나올 수도 있으나, 역인과관계가 있어 회귀계수의 값이 유의미하게 나올 수도 있으므로 자료를 분석할 경우 이를 고려할 필요가 있습니다.

혼동 변수(confounding variable)로 불리는 두 변수 모두에 영향을 미치는 제3 변수의 존재는 누락된 변수에 의한 편의의 가능성을 제기하고 이를 어떻게 통제할 것인가는 사회과학방법론에 있어서 가장 중요한 문제였습니다. 하지만 흔히 매개 변수(mediating variable 때로는 intervening variable)라고 불리는 변수를 통제하면 전체 효과에 편의가 발생하지만 이를 인식하는 분석자는 많지 않아 보이기 때문에 이에 관해 토론합니다. 이러한 것들을 설명하면서 R을 이용하여 모의실험(simulation)을 해 봄으로써 R에 대한 이해를 높이는 한편 인과론에 대한 보다 구체적인 상을 가질 수 있는 능력을 키워보도록 하겠습니다.

2. 인과관계와 역인과관계

〈그림 11-1〉은 두 변수 T와 Y사이의 인과적 관계를 나타내고 있습니다. 이 책에서는 원인 변수를 treatment에서 따온 T라고 표시하고 결과 변수는 통계학의 관습을 따라 Y로 나타냅니다. 최근의 인과론(causality) 발전의 기반이 되는 반사실적 인과분석(counterfactual causal analysis)에서 원인 변수는 0과 1의 값을 갖는 이분 변수(dichotomous variable)를

사용하고 결과 변수는 양적 변수(continuous variable)를 사용하는데 이 강의에서도 그러한 관습을 따를 것입니다.

〈그림 11-1〉의 패널 (1)에서는 현재의 용어사용과 합치되게 T는 원인 변수이고 Y는 결과 변수인 관계를 나타냅니다. 그리고 그 어떤 변수도 T와 Y에 영향을 미치지 않기 때문에 흔히 사용되는 일반 최소제곱법(ordinary least squares)을 이용하여 인과효과(causal effect)를 구할 수 있습니다. 즉 Y를 결과 변수로 놓고 T를 설명 변수로 설정한 후 일반 최소제곱법을 사용하면 T앞에 놓인 계수가 인과적 효과를 보여주게 됩니다.

그림 11-1 인과관계와 역인과관계

이상의 논의에 대한 이해를 높이고 R에 보다 친숙해 지기 위해 패널 (1)과 같은 실제 인과과정을 보여주는 모의실험(simulation)을 해 보도록 합시다. 우선 다음의 R 명령어들을 실행해 보시기 바랍니다.

표 11-1 인과 관계 모의실험

```
set.seed(37846)
tvar <- rbinom(10000, 1, 0.5)
yvar <- 0.5 + tvar + rnorm(10000, 0, 1)
```

위에서 첫 번째 명령어는 모의실험을 할 때 처음 사용할 숫자를 의미합니다. 통상 통계 프로그램을 사용하여 모의실험을 하게 되면 처음 숫자는 현재의 시간을 사용하게 되어 모의실험을 하게 될 때마다 결과가 달라지는 문제가 생깁니다. 이러한 문제를 해결하기 위해 처음 숫자를 [37846]으로 정하는 것이며, 이 숫자는 제가 자판을 마구 두드려 임의로 만든 숫자입니다. 다만 제가 나중에 이 실험을 할 때 그리고 여러분이 이 실험을 할 때 여기에서 나오는 결과와 똑같은 결과가 나오도록 첫 숫자를 정한 것입니다. 여기서 주의할 것은 [set.seed] 명령어 다음에 오는 모의실험 명령어들은 한 번에 실행해야 한다는 것입니다. 예를 들어 위에서 [set.seed] 명령어만 실행하고 조금 후에 뒤에 오는 다른 명령어를 실행하면 [set.seed]를 한 의미가 없어지게 됩니다.

R에서 [r]로 시작하고 분포를 뜻하는 명령어가 이어지면 이는 특정 분포를 따르는 사례들을 임의로 만들라는(randomly simulate) 명령어입니다. 두 번째 명령문은 [rbinom]인데, 이는 이항분포를 따르는 사례를 임의로 만들라는 것이고, 그 안에 있는 숫자 (10000, 1, 0.5)는 10,000개의 사례를 만들되, 한 번 시도했을 때 성공확률이 0.5인 이항분포를 만들라는 것입니다. 세 번째 명령어에서 [rnorm(10000, 0, 1)]은 평균이 0이고 표준편차가 1인 정규분포를 따르는 10,000개의 사례를 만들라는 명령어입니다. 그런데 [yvar]는 이런 사례들에 [0.5+tvar]를 더했습니다. 즉 여러분들이 회귀분석의 관점에서 보면 y-절편이 0.5이고 [tvar] 계수가 1인 [yvar]를 만든 것입니다. 이를 회귀식으로 나타내면,

$$Y = 0.5 + T + \epsilon, \epsilon \sim N(0,1) \quad \text{......} \quad 1$$

이 두 가지 변수들이 어떤 분포를 이루고 있는지 한 번 살펴보도록 하죠.

표 11-2 인과관계 모의실험

```
> summary(cbind(tvar, yvar))
      tvar              yvar
 Min.   :0.0000   Min.   :-2.9274
 1st Qu.:0.0000   1st Qu.: 0.2304
 Median :0.0000   Median : 1.0009
 Mean   :0.4923   Mean   : 1.0041
 3rd Qu.:1.0000   3rd Qu.: 1.7795
 Max.   :1.0000   Max.   : 5.1569
```

[tvar]의 평균이 0.492라는 것은 확률이 0.492라는 것이기 때문에 위에서 정한 0.5에 가깝지만 똑같지는 않습니다. 여기서는 무작위적으로 변숫값을 생성했기 때문에 그 차이는 우연에 기인한 것으로 판단하시면 됩니다. [yvar]의 평균을 보면 1.004 정도의 값이 나왔는데, 왜 이런지 아시나요? 네, [yvar]의 평균은 0.5+[tvar 평균]+[rnorm 평균]이라고 할 수 있어서 0.5+0.492와 유사한 값을 보였지만 표준정규분포를 따르는 사례를 만들 때 무작위적 요소가

들어가 있어 이 값과는 정확히 일치하지 않습니다. 여러분들이 [> sd(yvar)]를 실행해 보시면 1.128의 값이 나오는 것을 보는데, 이 또한 무작위적 요소가 들어가 있어 표준편차가 1과 정확히 일치하지는 않습니다.

이제 자료를 만들었으니 그 결과를 추정해 보도록 하겠습니다.

표 11-3 인과관계 모의실험 추정: 편집 결과

```
> fit1 <- lm(yvar ~ tvar)
> summary(fit1)
Coefficients:
            Estimate Std. Error t value Pr(>|t|)
(Intercept) 0.48986    0.01404   34.90   <2e-16 ***
tvar         1.04448    0.02001   52.21   <2e-16 ***
---
Signif. codes:  0 '***' 0.001 '**' 0.01 '*' 0.05 '.' 0.1 ' ' 1
```

위 결과를 보면 y-절편이 0.490 정도가 나오고 [tvar] 계수가 1.044네요. 〈표 11-1〉에서 자료를 만든 것과 정확히 일치하지는 않지만 유사하다고 할 수 있습니다. 실은 그 차이는 표집에 따른 차이에 기인하다고 보는 것이 더 정확합니다. 즉 〈표 11-1〉에서 모집단 관계를 설정한 다음 하나의 표본을 표집하는 과정에서 오차가 존재하는 것이죠.

〈그림 11-1〉에서 패널 (2)는 역인과(reverse causality)관계를 보여주고 있습니다. 실제 자료생성과정(data generating process)은 패널 (2)와 같이 역인과관계이나 연구자의 실수로 패널 (1)과 같은 인과관계를 설정한 후 최소제곱법을 사용하면 어떤 결과가 생길까를 고민할 필요가 있습니다. 이를 확인해 보기 위해 다음과 같은 모의실험을 해 보도록 하죠.

표 11-4 역인과관계 모의실험

```
set.seed(847508)
yvar <- rnorm(10000)
tvar <- rbinom(10000, 1, 1/(exp(-yvar)+1))
```

첫 번째 명령어는 이해할 수 있다고 생각됩니다. 두 번째 명령어는 표준정규분포를 따르는

10,000개의 사례를 표집하는 것입니다. 이 명령어에서는 0의 평균과 1의 표준편차를 적지 않았는데, 이 옵션들을 적지 않으면 R은 표준정규분포로 해석하게 됩니다. 그리고 마지막 명령어가 이해하기 어려울 수 있는데요. 이를 이해하기 위해서는 로짓(logit) 혹은 로지스틱(logistic) 모형을 알고 있어야 합니다.

로짓 모형은 종속 변수가 이항 변수인 경우 설명 변수의 영향력을 추정하는 모형이라는 것은 알고 있을 것입니다. $P(T=1)$을 T라는 변수가 1의 값을 가질 확률이라고 하고 이 확률을 설명하는 변수들이 Y_1과 Y_2라고 할 때, 로짓 모형은 흔히 다음과 같이 나타내게 됩니다.

$$\ln\frac{P(T=1)}{1-P(T=1)}=\beta_0+\beta_1 Y_1+\beta_2 Y_2 \qquad 2$$

그러면 현재의 맥락에서 [tvar]에 대한 설명 변수가 Y하나라면 〈식 1〉은 다음과 같이 될 겁니다.

$$\ln\frac{P(T=1)}{1-P(T=1)}=\beta_0+\beta_1 Y \qquad 3$$

이제 β_0를 0이라고 정하고 β_1을 1로 정하면,

$$\ln\frac{P(T=1)}{1-P(T=1)}=Y \qquad 4$$

양변에 exp를 취하면,

$$\frac{P(T=1)}{1-P(T=1)}=\exp(Y) \qquad 5$$

〈식 5〉를 $P(T=1)$에 대해서 정리하면,

$$P(T=1)=\frac{\exp(Y)}{1+\exp(Y)}=\frac{1}{\exp(Y)^{-1}+1}=\frac{1}{\exp(-Y)+1} \qquad 6$$

〈식 6〉을 위의 세 번째 명령어의 마지막 부분 즉 한 번 시행에 있어서 성공확률과 비교하면

동일하다는 것을 알 수 있습니다. 즉 위에서 세 번째 명령어는 〈식 3〉의 로짓 모형에서 Y의 계수가 1인 [tvar]을 10,000 사례로 만드는 명령어입니다.

위에서 만든 자료를 분석해 보도록 하겠습니다. 처음에는 자료가 생성된 방식인 〈식 3〉의 모형에 맞추어 분석하고 다음에는 인과관계를 거꾸로 설정한 후 자료를 분석해 보도록 하겠습니다.

표 11-5 역인과관계 모의실험 추정: 편집 결과

```
> summary(glm(tvar ~ yvar, family=binomial(link="logit")))
Coefficients:
             Estimate Std. Error z value Pr(>|z|)
(Intercept) -0.00734    0.02194  -0.335    0.738
yvar         0.97950    0.02605  37.598   <2e-16 ***
---
Signif. codes:  0 '***' 0.001 '**' 0.01 '*' 0.05 '.' 0.1 ' ' 1

> summary(lm(yvar ~ tvar))
Coefficients:
             Estimate Std. Error t value Pr(>|t|)
(Intercept) -0.39640    0.01297  -30.57   <2e-16 ***
tvar         0.81967    0.01832   44.73   <2e-16 ***
---
Signif. codes:  0 '***' 0.001 '**' 0.01 '*' 0.05 '.' 0.1 ' ' 1
```

첫 번째 명령어는 로짓 모형을 추정하는 명령어입니다. [glm]이라는 명령어를 사용하는데, 이는 일반화된 선형 모형(generalized linear model)의 줄임말입니다. 그리고 공식을 넣습니다. 뒤에 [family=binomial(link="logit")]이라는 옵션이 있습니다. 말 그대로 [glm]은 "generalized" linear model이기에 다양한 [family]가 있어 그중 하나인 [binomial(link="logit") 으로 설정한 것입니다.

회귀 분석에 대한 통계 책들을 보면 일반화된 선형 모형을 소개하고 있을 텐데, 이를 요약하면 다음과 같습니다. 결과 변수가 Y라고 할 때 우리는 결과 변수의 평균을 예측하는 것에 관심이 있으며, 이 결과 변수의 평균을 다양한 방식으로 변환시켜줄(transform) 수 있습니다. 예를 들어 아무런 변환 없이 $E(Y)$를 사용할 수도 있으나 자연로그를 취하여 $\ln(E(Y))$

로 사용할 수도 있고, "로짓(logit)"으로 변환시켜 $\ln\frac{E(Y)}{1-E(Y)} = \ln\frac{P(Y=1)}{1-P(Y=1)}$로 사용할 수 있습니다. 로짓 변환에 있어 결과 변수가 0과 1의 값을 갖는 이항변수일 때 $E(Y) = P(Y=1)$로 쓸 수 있다는 점을 활용하였습니다. 그렇다면 종속 변수의 평균 혹은 기댓값이 변환되는 것을 일반적으로 $f(E(Y))$라고 합시다.

이제 이러한 결과를 예측하는 부분을 설명 변수의 조합으로 나타낸다고 했을 때, 설명 변수가 단순히 더하기로 들어간다면 $\beta_0 + \beta_1 X_1 + \beta_2 X_2 + \beta_3 X_3 + \cdots$로 나타낼 수 있습니다. 이렇게 설명 변수와 종속 변수를 연결해 보면, 다음과 같이 쓸 수 있겠습니다.

$$f(E(Y)) = \beta_0 + \beta_1 X_1 + \beta_2 X_2 + \beta_3 X_3 + \cdots \quad 7$$

설명 변수를 나타내는 〈식 7〉의 오른쪽 부분에서 각 설명 변수를 변환시키는 것 예를 들어 제곱이나 세제곱 혹은 제곱근을 취하거나 자연 로그를 취하는 등의 다양한 설명 변수를 넣을 수 있습니다. 하지만 설명 부분의 핵심은 모수들 즉 β계수들이 더하기로 들어가야 하며, 설명 변수의 제곱 형태로 들어가거나 계수들의 곱들로 들어가거나 로그를 취하는 것으로 나타낼 수는 없습니다. 예컨대 $\beta_0 + \beta_1 \ln X_1 + \beta_2 X_2 + \beta_3 X_2^2$는 가능해도 $\beta_0 + X_1^{\beta_1} + (\beta_1 * \beta_2) X_2$는 불가능합니다. 이런 것을 흔히 변수들의 선형 조합(linear combination)이라고 하고, 설명 부분을 선형 예측 변수(linear predictor)라고 합니다. 이런 이유로 설명 변수와 종속 변수의 변환을 연결한 〈식 7〉을 일반화된 선형 모형이라고 하는 것입니다. 즉 종속 변수를 변환시켜 일반화할 수 있으므로 "일반화된" 것이고, 설명 변수는 선형 조합으로 들어가기 때문에 "선형 모형"인 것입니다.

앞서 $f(E(Y))$이 다양한 형태로 변환될 수 있다고 적었는데, 변환되는 함수를 흔히 연결 함수(link function)라고 합니다. $f(E(Y)) = E(Y)$면 자기 연결(identity link)이고, 관측된 Y에서 기댓값 $E(Y) = \beta_0 + \beta_1 X_1 + \beta_2 X_2 + \beta_3 X_3 + \cdots$를 뺀 잔차 부분이 Gaussian분포라고도 불리는 정규분포를 이루고 있다는 가정 아래 최대우도법(maximum likelihood method)으로 계수를 추정할 수도 있습니다. 이 경우 일반최소제곱으로 추정하는 계수는 동일한 결과를 얻는 것으로 알려져 있습니다. 다만 잔차의 분산을 구하는데, 일반화된 선형 모형을 사용하면 $\hat{\sigma}^2 = \frac{\sum(Y-\hat{Y})^2}{n}$이고 이는 최소제곱법으로 얻는 $\hat{\sigma}^2 = \frac{\sum(Y-\hat{Y})^2}{n-p}$ 와는 다른 것으로 알려져 있습니다.

로짓 모형을 추정할 때는 Y가 이항분포를 따르고 평균 혹은 확률을 로짓 변환하여 설명 변수의 선형 조합으로 예측합니다. 그러므로 〈표 11-5〉의 첫 번째 명령어와 같은 형태로 명령어를 사용한 것입니다. 이 명령어는 다음과 같은 모형에 대한 추정결과입니다.

$$\ln \frac{P(tvar=1)}{1-P(tvar=1)} = \beta_0 + \beta_1 yvar \quad \cdots\cdots\cdots 8$$

이때 $\hat{\beta}_0 = -0.007$이고 $\hat{\beta}_1 = 0.980$이라는 결과가 나온 것입니다. 이 결과는 모의실험에 있어서 오차를 감안한다면, 〈표 11-4〉의 자료생성과정과 동일합니다.

그런데 〈표 11-5〉의 두 번째 명령어 실행 결과를 보면, 비록 [tvar]가 [yvar]에 영향을 주는 것처럼 즉 거꾸로 된 인과 관계를 가정하고 모형을 추정했음에도 불구하고 [tvar]가 [yvar]에 영향을 주는 것으로 나타납니다. 즉 역인과관계가 있어도 통계 모형을 추정하면 인과 관계인 것처럼 나타난다는 것입니다.

이러한 결과가 시사하는 바는 무엇인가요? 한 문장으로 말하면, 우리가 통계적 모형을 이용하여 예를 들어 일반 최소제곱법(ordinary least square)을 이용하여 자료를 분석할 때 그 결과는 어떤 인과 관계(causal relationship)를 보여주는 것이 아니라 두 변수 사이의 연관(association)을 보여주는 것이라는 점입니다. 모든 연구자는 지금까지 논의한 것처럼 자료를 분석하기 전에 암묵적으로 가정하는 인과 관계가 있습니다. 그런 인과 관계를 검정하기 위해 통계 분석을 하는 것이지요. 하지만 통계적 분석은 이러한 인과 관계를 명확히 보여주는 것이 아닙니다. 앞선 예에서 알 수 있듯 역인과관계가 있을 때도 통계 결과는 통계적으로 유의미한 계수를 보여줍니다.

그렇다면 추정된 계수가 인과 관계를 보여주는 것인지 역인과관계를 보여주는 것인지 혹은 인과 관계를 보여주지만 일정 부분 역인과관계에 의해 편의(biased)된 것인지 어떻게 판단할 수 있을까요? 이는 개별 연구자가 연구하는 분야에서 지금까지 발전되어 온 또는 그 분야에서 합의가 이루어진 사회이론에 따라 달라질 것입니다. 즉 특정 연구가 진행되고 있는 학계에서 받아들여지는 사회이론에 따라 주어진 계수가 인과 관계를 나타내는 것인지 아니면 역인과관계를 나타내는 것인지 혹은 역인과관계에 의해서 편의된 것인지 결정될 것입니다. 따라서 모든 연구자는 연구를 진행할 때 추정하고자 하는 두 변수 사이에 역인과관계가 존재하지 않는지에 대한 고민을 끊임없이 해야 하며 인과 관계와 역인과관계를 구분해서 추정하는 방법을 개발하기 위해 노력해야 합니다. 이런 면에서 사회이론은 모든 통계적 분석에 우선하며 통계적 분석은 사회이론을 발전시키는 도구의 역할을 할 뿐입니다.

[실례 1]

부모이혼과 아동성장의 관계에 대한 연구는 그 중요도로 인하여 매우 많은 사람의 관심을 받는 주제입니다. 이와 연관되어 이혼하지 않은 상태에서도 부모 사이의 관계가 아동성장에 어떠한 영향을 미치는지에 관한 많은 연구가 이루어졌습니다. 이 문헌에서 지배적인 인과 관계는 부모 사이의 관계가 아동성장에 영향을 미친다는 것인데 그 반대로 아동의 상태가 부모의 관계에 영향을 미친다는 역인과관계에 대한 우려가 높습니다. 예를 들어 Cui, Donnellan과 Conger(2007)는 청소년기 아동의 우울증 증상과 비행이 부모 사이의 관계를 악화시킨다는 발견을 보고 하였습니다. 특히 횡단적인 자료(cross-sectional data)를 분석할 때, 이러한 역인과관계를 고려하지 않고 부모 관계가 아동성장에 미치는 영향을 추정하는 것은 편의의 가능성을 높입니다.

[실례 2]

Kim(2014)은 한국노동패널 자료를 생존분석(survival analysis)기법으로 분석하여 여성의 노동시장 참여가 출산력에 어떠한 영향을 주는지 추정합니다. 노동시장 참여 여부가 출산력에 영향을 줄 것이라는 가설이 핵심 인과관계를 구성하고 있으나, 역으로 임신해서 출산을 하려고 하는 여성이 노동시장에서 나올 가능성이 높아, 더군다나 출산 기일이 다가오면서 노동시장에서 빠져나올 가능성이 높아, 일반적인 추정 방법은 역인과관계에 노출되어 있을 가능성이 높습니다. 이러한 역인과관계의 영향을 알아보기 위해, 위 논문은 일반적인 출산 모형을 추정하고, Budig(2003)의 선행 연구에 기초하여, 실제 출산 전 5개월과 8개월에 출산을 한 것이라고 가정하고 모형을 추정한 후 세 모형을 비교합니다. 그 결과 첫째 자녀 출산의 경우 일반 모형에서는 노동시장 참여가 자녀 출산에 부정적인 영향을 미치는 것이라는 결과가 나오지만 다른 두 모형에서는 노동시장 참여가 주는 효과가 없는 것으로 나옵니다. 이는 결국 일반적인 추정 방법이 노동시장 참여와 출산 간의 역인과관계에 의해 과소추정되어 있다는 것을 의미합니다.

[편의 방향]

역인과관계를 피해갈 수 있는 한 가지 경우는 T가 Y에 양(positive)의 방향으로 영향을 미치지만 Y는 T에 음(negative)의 방향으로 영향을 주거나 그 반대로 T가 Y에 음의 방향으로 영향을 미치지만 Y는 T에 양의 방향으로 영향을 줄 경우입니다. 통상 연구자가 우려하는 것은 추정된 계수가 사회이론이 예측하는 방향으로 과대추정(overestimate)되어 있는 것입니다. 예를 들어 T가 Y에 양의 방향으로 영향을 미친다는 가설이 지배적인 명제를 검증할 경우 연구자는 추정된 계수가 지나치게 양의 방향으로 편의 된 것이 아닌가를 의심할 필요가 있습니다. 이때 Y 또한 T에 양의 방향으로 영향을 미친다는 가설이 성립한다면 이러한 우려가 더 커질 것입니다. 하지만 같은 상황에서 Y는 T에 음의 방향으로 영향을 미친다고 가설이 지배적이라고 한다면 추정된 계수는 과소추정(underestimate)되어 있을 가능성이 높습니다. 이러한 상황에서 추정된 계수가 양의 방향을 가지고 있고 통계적으로 유의미하다면, 다른 모든 조건이 동일하다는 가정 아래 (ceteris paribus) T가 Y에 미치는 영향은 양의 방향을 가지고 있다는 확신을 증가시킬 것입니다.

[실례 3]

실제 Kim(2017)은 출산 전후 휴가와 육아휴직이 출산 위험(fertility hazard)에 미치는 영향을 분석하면서 추정 모형의 역인과관계를 우려하고 있습니다. 다시 말해 출산 전후 휴가가 출산 위험에 주는 계수가 양의 값으로 나온다고 하더라도 사실 출산일이 가까워져 오면서 출산 전후 휴가가 있는 직장으로 이직할 가능성이 높아서 이러한 역인과관계를 통제해 줄 필요가 있습니다. 이러한 통제를 직접적으로 수행할 수 없는 한계로 인해 저자는 여기에서 설명한 반대 방향의 역인과관계를 활용해 원래 주장을 강화하고 있습니다. 즉 출산 예정일이 가까이 올수록 출산 전후 휴가를 쓸 수 있는 여성의 비율이 줄어든다는 결과를 제시함으로써 역인과관계는 음의 관계라는 것을 보여주고 따라서 출산 전후 휴가가 출산 위험에 주는 영향을 추정한 양의 계수는 과소 추정되었을 가능성이 크다고 주장하고 있습니다.

3. 혼동 변수

아래의 〈그림 11-2〉는 지금까지의 논의를 확장하는 것으로 두 변수 T와 Y가 세 번째 변수 C(confounding의 약어)에 의해 영향을 받을 때 인과관계가 어떻게 구조화되어 있는가를 설명하기 위한 것입니다.

그림 11-2 혼동 변수(confounding variable) 혹은 선별 변수(selection variable)

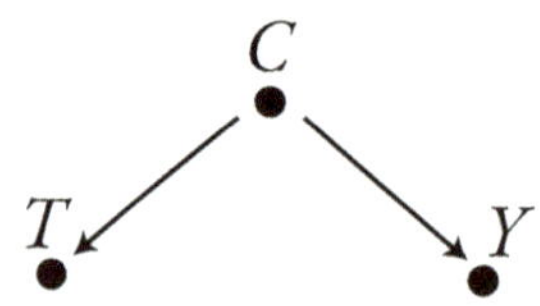

〈그림 11-2〉는 우리의 관심사인 T와 Y사이에는 어떠한 인과관계도 존재하지 않지만 그래서 두 변수 사이에 화살표가 없지만, 다른 변수인 C가 T와 Y 모두에 영향을 미치기 때문에 C를 통제하지 않은 상태에서 T와 Y의 관계를 추정할 때 편의가 생길 수 있는 사례를 보여주고 있습니다. 이렇게 두 변수 모두에 영향을 미치는 변수를 흔히 혼동 변수(confounding variable) 혹은 선별 변수(selection variable)라고 합니다. 대개 통계학 문헌에서는 혼동 변수라는 말을 선호하는 듯하고 경제학 문헌에서는 선별 변수라는 말을 선호하는데, 이 두 가지 용어는 같은 현상을 약간 다른 관점에서 바라보고 있는 것이며 따라서 우리의 논의를 풍부하게 해주는 것입니다.

혼동 변수는 다양한 기준에 의해 다양한 형태로 나눌 수 있습니다. 그중에 중요한 분류가 연구자가 의식하고 있는 혼동 변수와 의식하지 못하고 있는 혼동 변수입니다. 연구자가 의식하고 있는 혼동 변수는 관측된(observed) 혼동 변수와 관측되지 않은(unobserved) 혼동 변수로 구분할 수 있습니다. 혼동 변수가 관측되었다면 이를 추정 모형에 포함시켜 통계적으로 통제함으로써 진정한 인과관계를 추정하는데 한 발 접근할 수 있으나, 연구자가 의식하고 있지 못한 혼동 변수나 관측되지 않은 혼동 변수는 흔히 말하는 누락된 변수에 의한 편의(omitted variable bias)를 불러오며 이는 모든 연구 분야에서 발견되는 일반적인 것으로 자료를 분석하는 데 매우 유의하여야 할 사항입니다.

다음과 같은 명령어를 활용하여 세 개의 변수를 만들어 보겠습니다. 이제는 더 설명해 드리지 않아도 각 변수를 어떻게 만들었는지 이해할 수 있으실 겁니다. 다음의 명령어 중 특히 네 번째 명령어를 보시면 Y는 C에 의해 영향을 받지만 T에 의해 영향을 받지는 않도록 만들었다는 데 유의하시기 바랍니다.

표 11-6 혼동 변수 모의실험

```
set.seed(4365)
cvar <- rnorm(10000)      ##변수 이름의 발음에 주의하세요!!
tvar <- rbinom(10000, 1, 1/(exp(-cvar)+1))
yvar <- 1+ cvar + rnorm(10000)
```

위의 변수를 이용하여 두 개의 모형을 추정해 보도록 하겠습니다.

표 11-7 혼동 변수 모의실험 추정: 편집 결과

```
> summary(lm(yvar ~ tvar + cvar))
Coefficients:
             Estimate Std. Error t value Pr(>|t|)
(Intercept)  0.96397   0.01464   65.848   <2e-16 ***
tvar          0.03723   0.02182    1.706    0.088 .
cvar          1.00992   0.01092   92.473   <2e-16 ***
---
Signif. codes:  0 '***' 0.001 '**' 0.01 '*' 0.05 '.' 0.1 ' ' 1

> summary(lm(yvar ~ tvar ))
Coefficients:
             Estimate Std. Error t value Pr(>|t|)
(Intercept)  0.54864   0.01898   28.91    <2e-16 ***
tvar          0.88299   0.02698   32.73    <2e-16 ***
---
Signif. codes:  0 '***' 0.001 '**' 0.01 '*' 0.05 '.' 0.1 ' ' 1
```

첫 번째로 C를 통제한 상태에서 T의 효과를 추정해 보면 계수가 0.037이고 통상의 α-수준 0.05에서 유의미하지 않은 것을 볼 수 있습니다. 사례 수가 10,000씩이나 되도 유의미하지 않다는 것은 정말 유의미하지 않은 거겠죠? 이에 반해 두 번째 명령어에서 C를 통제하지 않은 상태에서 T의 효과를 추정해 보면 0.883 정도의 계수이며 p-값이 거의 0입니다. 즉 혼동 변수를 통제하지 않으면 추정하고자 하는 변수의 효과가 편의 되어 있는 것을 봅니다. 흔히 좋은 논문에서는 자료와 측정에 관해 한 부분을 할애하여 어떤 혼동 변수들을 통제하였는가를 기술하는 것을 볼 수 있습니다. 그렇다면 어떠한 혼동 변수를 고르고 통계모형에 포함할 것인가가 매우 중요해집니다. 중요한 혼동 변수를 통제하지 않으면 누락된 변수에 의한 편의를 불러올 수 있으므로 이에 대한 고려는 모든 자료 분석에 있어 필수적이라 할 수 있습니다. 어떠한 변수가 두 변수 사이의 혼동 변수인가 하는 것 또한 해당 연구자가 속한 연구자 사회에서 받아들여지는 사회이론과 누적된 발견의 문제이지 통계적 자료 분석의 문제는 아니라고 할 수 있습니다. 대개 연구가 이루어지는 분야에서는 어느 정도 누적된 연구들이 있고 이러한 선행 연구들을 잘 살핌으로써 혼동 변수를 결정할 수 있을 것입니다.

[실례 3]

혼동 변수 혹은 선별 변수는 그 어떠한 자료를 분석하더라도 맞닥뜨릴 수밖에 없는 문제이기 때문에 이에 대한 예를 찾기는 어렵지 않습니다. 여기에서는 부모이혼이 아동성장에 미치는 영향을 분석한 Kim(2011)의 연구를 살펴봅시다. Kim은 부모이혼과 아동성장에 미치는 영향에 관한 문헌을 분석한 후 다음과 같은 혼동 변수를 선정하였습니다: 10대 엄마 여부, 출생 시 결혼상태, 엄마의 심리적 안정(psychological well-being) 상태, 결혼관계 만족도, 사회경제적 지위, 아동의 연령, 성별, 인종/민속, 장애 여부, 형제 수, 도시 거주 여부, 지역, 전학 여부. 예를 들어 10대에 자녀를 낳은 여성의 자녀는 인지적 능력이 떨어진다는 Cornelius와 동료들의 발견(2009)은 10대 엄마(C)가 자녀의 인지적 능력(Y)에 부정적 영향을 미친다는 것을 알려주며, 10대 결혼(C)한 사람들이 이혼(T)할 확률이 높다는 연구는 10대 엄마가 이혼에 미치는 영향을 알려줍니다(예를 들어 Dahl, 2010). 만약 10대 자녀 출산이라는 변수를 통제하지 않았다면 통계적 모형에서 나온 계수는 음의 방향으로 과도 추정되었을 것입니다.

[혼동 변수의 특성으로 편의의 방향을 예측하기]

연구자가 인식하지 못하고 있는 혼동 변수도 많을뿐더러, 문헌에서 혼동 변수라고 여겨지는 변수들이 한 자료에 모두 측정되었을 가능성은 매우 적습니다. 따라서 어떤 혼동 변수가 측정되지 않아서 통제할 수 없으면 이 혼동 변수가 모형에서 추정된 계수에 어떤 영향을 미치는가는 예측할 필요가 있습니다. 이러한 방향을 예측하여 기술함으로써 글에 대한 신뢰성을 높일 수 있기 때문입니다. 아래의 〈표 11-8〉은 한 혼동 변수가 원인 변수와(두 번째 열) 그리고 그 혼동 변수가 결과 변수와 어떤 관계를 맺는가(세 번째 열)에 따라 원인 변수와 결과 변수의 인과적 효과에 대한 추정치가 어느 방향으로 편의 되어 있는가(마지막 열)를 보여주고 있습니다.

표 11-8 혼동 변수에 따른 추정치의 편의 방향

	$C \rightarrow T$ 방향	$C \rightarrow Y$ 방향	$T \rightarrow Y$의 편의 방향
사례 1	+	+	+
사례 2	+	−	−
사례 3	−	+	−
사례 4	−	−	+

예를 들어 사례 1을 보면 혼동 변수가 원인 변수에 양의 방향으로 영향을 미치고 결과 변수에도 양의 방향으로 영향을 미친다면 통계적 모형을 통해 얻은 추정치는 양의 방향으로 편의 되어 있을 것입니다(혼동 변수 모의실험 추정 참조). 이러한 주장이 사실인지 검증하고 싶은 독자는 앞선 모의실험에서 제시된 명령어 중 특정 변수에 있는 계수의 기호만을 바꾸어서 결과를 살펴볼 수 있을 것입니다.

여기서 주의할 것은 편의의 방향을 예측할 수는 있으나 그 편의의 크기(bias size)를 알기는 쉽지 않은데 이는 1) 혼동 변수와 원인 변수 그리고 결과 변수 사이의 관계 크기를 알기 어렵고, 2) 관측되지 않은 혼동 변수의 많은 부분이 이미 측정된 혼동 변수와 상관관계를 가지고 있을 것이기 때문에 관측된 혼동 변수에 의해 약해지는 편의의 크기를 가늠하기 어렵기 때문입니다.

아직 강조하지는 않았지만, 혼동 변수 C의 기본적인 정의는 원인 변수 T에 영향을 미치고 또한 결과 변수 Y에도 영향을 준다는 것입니다. 그렇다면 오직 원인 변수에만 혹은 결과 변수에만 영향을 미치는 변수는 혼동 변수가 아닐까요? 대답은 그런 변수는 혼동 변수가 아니라는 것입니다. 아래의 〈그림 11-3〉은 이러한 예를 인과 도식으로 보여주고 있습니다. 〈그림 11-3〉과 같은 변수 C는 통제를 하거나 통제를 하지 않거나 인과관계에 대한 점 추정치(point estimate), 즉 계수에는 아무런 영향을 미치지 않습니다. 하지만 상황에 따라 즉 어떤 통계모형을 사용하느냐와 변수 C가 어떤 변수에 영향을 주느냐에 따라 인과적 추론(causal inference) 즉 통계적 유의미도 검증에는 영향을 미치는데 이를 보기 위해 모의실험을 해 보도록 합시다.

그림 11-3 혼동 변수가 아닌 예

표 11-9 혼동 변수가 아닌 예 모의실험

```
set.seed(8746)
cvar <- 2*rnorm(10000)
tvar <- rbinom(10000, 1, 1/(exp(0)+1))
yvar <- 1 + cvar + rnorm(10000)
```

위의 명령어들에서 C는 T에 아무런 영향을 주지 못하고 Y에 영향을 주는 반면, T는 Y에 영향을 주지 않는다는 점에서 〈그림 11-3〉의 두 번째 그림에 부합하는 자료를 만들었습니다. 이제 이 변수들의 관계를 추정하는 명령어들을 실행해 봅시다.

표 11-10 혼동 변수가 아닌 예 모의실험 추정: 편집 결과

```
> summary(lm(yvar ~ tvar + cvar))
Coefficients:
             Estimate Std. Error t value Pr(>|t|)
(Intercept)  1.015158   0.014038  72.315   <2e-16 ***
tvar        -0.023962   0.019771  -1.212    0.226
cvar         1.000521   0.004948 202.224   <2e-16 ***
```

```
---
Signif. codes:  0 '***' 0.001 '**' 0.01 '*' 0.05 '.' 0.1 ' ' 1

> summary(lm(yvar ~ tvar))
Coefficients:
            Estimate Std. Error t value Pr(>|t|)
(Intercept)  1.04107    0.03167  32.872   <2e-16 ***
tvar        -0.07475    0.04460  -1.676   0.0938 .
---
Signif. codes:  0 '***' 0.001 '**' 0.01 '*' 0.05 '.' 0.1 ' ' 1
```

일단 두 명령어를 실행한 결과를 비교해 보면 변수 T 앞에 놓인 계수는 거의 0에 가까워 유의미한 차이가 없는 것을 볼 수 있습니다. 하지만 통계적 유의미도 검증에 필요한 표준오차는 상당한 차이를 보이는 데 C를 통제한 첫 번째 명령어의 표준오차가 0.020으로 두 번째 명령어의 표준오차 0.045에 비해 상당히 작은 것을 볼 수 있습니다. 이러한 문제는 일반 최소제곱법에서 표준오차를 구할 때 표본에서 얻어지는 잔차의 제곱 합을 이용하는데 이 잔차의 제곱 합이 C에 의해 많이 줄어들기 때문에 C를 포함한 모형에서 표준오차가 적게 나오기 때문입니다.

좀 더 수학적으로 표현한다면, 일반 최소제곱법에서 계수의 표준오차는 $\sqrt{\sigma^2(\boldsymbol{X}^T\boldsymbol{X})}$의 대각선(diagonal)에 있는 값으로 구해지는데 여기서 $\widehat{\sigma^2} = (y - \boldsymbol{X}\hat{\beta})^T(y - \boldsymbol{X}\hat{\beta})/(n-p)$이기 때문에 분자에서 C에 의해 설명되는 부분만큼 적어지게 되고 이는 표준오차가 작아지는 결과를 낳습니다. 〈표 11-9〉의 명령어 중 세 번째와 네 번째의 명령어를 바꾸어 〈그림 11-3〉의 패널 (1)에 나오는 자료생성과정을 따라 자료를 만든 후 같은 방법으로 추정하면 이러한 표준오차 문제가 생기지 않는다는 것을 볼 수 있습니다.

그렇다면 이러한 논의가 시사하는 바는 무엇인가요? 인과관계에 대한 통계적 추정을 할 때 혼동 변수에 대한 선정에 있어 매우 주의하여야 한다는 점입니다. 즉 일반 최소제곱법을 사용하여 인과관계를 추정할 경우 T에는 영향을 주지 않지만 Y에는 영향을 주는 변수를 추정 모형에 포함한다면 표준오차가 인위적으로 적게 나타나는 문제를 야기할 수 있습니다. 이렇듯 혼동 변수의 선정이 매우 중요하다는 점은 이장 논의의 가장 핵심적인 주제라고 할 수 있는데 다음 절에서도 같은 결론을 내릴 것입니다.

4. 매개 변수

혼동 변수를 선정하는 데 있어 가장 주의해야 할 점 중의 하나는 매개 변수를 통제하는 것과 관련되어 있습니다. 매개 변수는 T와 Y의 사이에 있어 이 두 변수를 매개하는 변수로서 T가 어떤 변수 C에 영향을 미치고 그 변수 C는 다시 Y에 영향을 줄 경우에만 우리는 C를 매개 변수라고 정의합니다. 아래의 〈그림 11-4〉는 이러한 관계를 보여주고 있습니다.

그림 11-4 매개 변수(mediating variable)

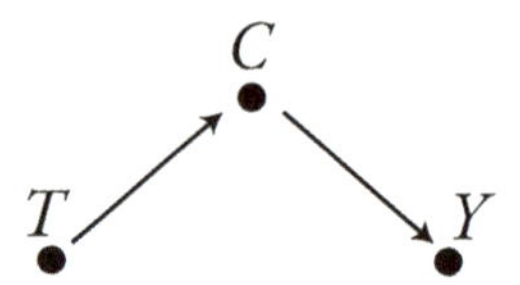

자료를 분석하는 데 있어 우리는 통상 T가 Y에 미치는 전체 효과(total, marginal or overall effect)에 관심이 있으므로 이러한 매개 변수를 통제하는 것은 과잉통제에 의한 편의(control-away bias; Rosenbaum, 2002)를 야기하여 전체효과에 대한 추정에 편의를 가져오도록 만듭니다. 이를 다음과 같은 모의실험을 통해 살펴봅시다.

표 11-11 매개 변수 모의실험

```
set.seed(178590)
tvar <- rbinom(10000, 1, 0.5)
cvar <- tvar + rnorm(10000)
yvar <- 1 + cvar + rnorm(10000)
```

위의 명령어들은 $C = T + \epsilon_c$이고 $Y = 1 + C + \epsilon_Y$인 관계를 보여주고 있습니다. 이 경우 T에서 C로 가는 계수가 1이고 C에서Y로 가는 계수가 1이기 때문에, T에서 Y로 직접 가는 영향이 없다고 하더라도 T가 Y에 주는 영향은 1×1=1인 것으로 알려져 있습니다. 이러한 인과론을 염두에 두고 변수 간 관계를 추정하는 명령어를 실행해 봅시다.

표 11-12 매개 변수 모의실험 추정: 편집 결과

```
> summary(lm(yvar ~ tvar + cvar))
Coefficients:
             Estimate Std. Error t value Pr(>|t|)
(Intercept)  1.014380   0.014219  71.341   <2e-16 ***
tvar        -0.016388   0.022177  -0.739     0.46
cvar         0.994616   0.009844 101.042   <2e-16 ***
---
Signif. codes:  0 '***' 0.001 '**' 0.01 '*' 0.05 '.' 0.1 ' ' 1

> summary(lm(yvar ~ tvar))
Coefficients:
            Estimate Std. Error t value Pr(>|t|)
(Intercept)  1.00769    0.02021   49.85   <2e-16 ***
tvar         0.95873    0.02839   33.77   <2e-16 ***
---
Signif. codes:  0 '***' 0.001 '**' 0.01 '*' 0.05 '.' 0.1 ' ' 1
```

〈표 11-12〉에서 첫 번째 명령어는 C를 통제했다는 점에서 T앞에 놓인 계수는 매개 변수인 C를 통제한 조건부 효과(conditional effect)를 보여주고 있습니다. 따라서 이 명령어 결과는 T의 전체 효과를 보여주는 것이 아닙니다. 이에 반해 두 번째 명령어는 C를 통제하지 않은 효과를 보여주는 것으로 이는 전체 효과를 보여주고 있습니다. 따라서 어떤 한 모형의 추정이 옳다 그르다를 말하기보다는 전체 효과를 볼 것인지 아니면 조건부 효과를 볼 것인지에 따라 특정 추정 방법을 선택하여야 할 것입니다. 하지만 암묵적으로 전체 효과를 보고자 하는데 매개 변수를 통제하는 것은 보고자 하는 변수의 전체 효과를 왜곡시키는 결과를 가져오게 됩니다.

[실례 4]

매우 많은 논문에서 자료를 분석할 때 매개 변수를 통제했음에도 불구하고 계수를 해석할 때는 마치 매개 변수가 통제되지 않은 것처럼 해석하는 경우를 보게 됩니다. 이러한 예는 분석 모형을 추정한 후 계수를 해석하면서 직접적 인과 관계에 있지 않은 다른 변수 즉 혼동 변수로 넣은 것들을 해석할 때 발생합니다.

흔히 특정 변수의 효과를 추정할 때, 다른 변수를 통제하는 것은 그 변수가 혼동 변수이

기 때문인데, 그 혼동 변수의 계수를 해석해주는 것은 문제를 야기할 수 있습니다. 예를 들어 부모이혼이 자녀의 수학 성적에 미치는 영향을 분석하는 문헌들은 부모이혼과 수학 성적에 대한 혼동 변수로서 부모의 교육을 포함하게 됩니다. 하지만 통계적 모형을 추정한 후 부모의 교육에 놓인 계수를 부모 교육이 자녀의 수학 성적에 미치는 영향으로 해석하고자 할 때 문제가 됩니다.

이 문헌에서 부모의 교육이 자녀의 수학 성적에 주는 영향에 대한 가장 근본적인 인과 관계는 1) 부모의 교육 -> 부모이혼 -> 수학 성적으로 이루어진, 흔히 구조방정식 모형에서 간접적(indirect) 인과관계라고 부르는 것과 2) 부모의 교육 -> 수학 성적의 직접적(direct) 인과 관계로 이루어져 있습니다. 하지만 실제 추정 모형에서는 부모이혼이라는 변수를 통제하였기 때문에 모형에서 추정된 부모 교육 계수는 전체 효과를 보여주는 것이 아니라 부모이혼이라는 변수를 통제한 조건부 효과를 보여주는 것입니다.

만약 부모이혼이 자녀 수학 성적에 주는 영향을 추정하는 모형에 부모의 소득이 들어 있다면 더 커다란 문제가 생기게 되겠죠? 즉 혼동 변수로서 소득이 포함된 경우 부모교육 계수는 소득 또한 통제한 상태에서 자녀의 수학 성적에 주는 효과를 추정하는 것입니다. 그렇다면 소득을 통제하고 다른 혼동 변수를 통제하였을 때 교육이 자녀의 수학 성적에 미치는 영향은 과연 무엇을 의미하는가를 심각히 질문할 필요가 있으며 그것이 바로 부모 교육 변수의 계수가 나타내주는 효과입니다. 그럼에도 불구하고 많은 연구자가 마치 이러한 계수가 전체 효과를 보여주는 것처럼 해석하는 경우를 흔히 볼 수 있는데 이는 시급히 개선되어야 할 문제입니다.

[실례 5]

자료 대부분은 개인의 소득이나 가구소득에 대한 정보를 얻을 경우 지난 1년간 혹은 지난 3개월간의 평균소득을 묻게 됩니다. 이에 반해 대개의 다른 변수들은 인터뷰 당시의 상태를 나타내게 됩니다. 따라서 소득이나 빈곤과 같은 소득에서 파생되는 변수를 원인 변수로 사용하게 되면 혼동 변수를 선정하는 데 있어 보다 세심한 고려가 필요합니다. 즉 다른 변수들이 이미 소득에 의해 영향을 받는 경우 그러한 변수들을 통제변수로 사용하게 되면 소득의 부분적인 효과들을 통제하게 되어 위에서 지적한 과잉통제의 문제를 발생시키기 때문입니다. 이러한 이유로 인하여 빈곤이 아동성장에 미치는 영향을 탐구한 Kim(2012)의 연구는 빈곤이 측정된 시기보다 일 년 앞선 연도에 측정한 혼동 변수를 사용하고 있습니다.

앞서 측정되지 않은 혼동 변수에서 살펴본 것과 유사하게 매개 변수를 통제하게 되면 전체 효과에 얼마나 많은 편의가 생기는가를 계산하는 것은, 특히 구조방정식 모형에 익숙한 독자들에게는 매우 쉬운 일입니다. 구조방정식 모형에 따르면 〈그림 11-4〉의 경우 T가 Y에 주는 전체효과는 T가 C에 미치는 영향의 크기에 C가 Y에 미치는 영향의 크기를 곱한 값이 됩니다. 따라서 C를 통제할 경우 그 만큼의 전체 효과가 사라집니다.

[실례 6]

매개 변수를 통제하는 것이 두 변수 사이의 인과관계에 대한 전체 효과를 보여주지 못하지만 오히려 이런 점 때문에 매개 변수를 통제하는 특별한 경우가 있습니다. 이런 특별한 경우란 두 변수 사이의 인과적 기제(causal mechanisms)를 알아보고자 할 때를 일컫습니다.

예를 들어 Korenman과 동료들(1995)은 빈곤이 아동성장에 미치는 영향에 대한 연구에서 다른 모든 혼동 변수를 통제한 상태에서 빈곤 변수의 영향을 추정합니다. 이때 이들은 가정환경이 빈곤의 효과를 매개하는 정도를 알아보기 위해 설문조사자가 가구 방문 시 가정환경에 대한 관측을 측정한 HOME(Home Observation for Measurement of the Environment) 점수를 최종 모형에 포함합니다. 이러한 분석을 통해 필자들은 HOME 점수를 넣었을 때, 그렇지 않았을 때와 비교해서 빈곤 변수에 추정된 계수가 대략 1/4에서 1/2 정도로 줄어든다고 보고하면서 가정환경이 매개하는 빈곤의 효과는 1/4에서 1/2 정도라고 결론내립니다.

[실례 7]

김현식과 문혜진(2012)은 한국에서 전학과 이사가 학업 성취도에 미치는 영향을 탐구하면서 전학을 통제하지 않은 상태에서 이사의 효과와 전학을 통제한 상태에서 이사한 효과를 추정하고 있습니다. 반대로 이사를 통제하지 않은 상태에서 전학의 효과와 이사를 통제한 상태에서 전학의 효과 또한 보여주고 있습니다. 이들의 결론을 요약하면 이사 효과의 많은 부분은 전학으로 매개되지만, 전학 효과는 이사에 의해 거의 매개되지 않는다는 것입니다.

5. 정리 및 소결

우리는 지금까지 인과론에서 매우 중요한 위치를 점하고 있는 변수의 특성에 따른 인과분석의 전략에 대해 살펴보았습니다. 우선 역인과관계의 가능성을 항상 염두에 둘 것을 제안하였고 정확한 인과 효과를 추정하기 위해서는 혼동 변수를 통제하여야 한다는 것을 보여주었습니다. 특히 누락된 변수로 인한 편의는 매우 중요하며 가장 널리 알려진 편의의 한 종류라는 것을 논의하였습니다. 하지만 그 정의상 혼동 변수는 원인 변수와 결과 변수 모두에 영향을 미치는 것이라는 점을 강조하면서 오직 한 변수에만 영향을 미치는 변수를 통제하였을 경우 어떤 상황이 나타날 수 있는가를 시현하였습니다. 매개 변수를 토의하는 절에서는 매개 변수를 통제하면서 생기는 전체효과에서의 편의를 보여주었습니다.

이렇게 다양한 형태의 변수와 편의에 대해 공부하면서 독자들은 그럼 어떤 변수가 혼동 변수이고 매개 변수인가를 고민할 필요가 있습니다. 하지만 어떤 통계적 기법도 어떤 특정한 변수가 혼동 변수이거나 매개 변수이라는 것을 알려주지는 않습니다. 이러한 것을 예측하고 알아내는 것은 한 연구 분야에서의 사회이론이며 그 연구 분야의 연구자들 사이에서 이루어진 합의입니다. 물론 이미 존재하는 사회이론과 합의는 새로운 도전에 열려있는 것이며 뛰어난 연구로 인하여 바뀔 수 있기에 항상 진화하는 것입니다. 예를 들어 이미 혼동 변수라고 알려진 것들이 사실은 매개 변수라는 것을 보여 줄 수 있을 것이고 매개 변수라고 알려진 것들이 사실은 혼동 변수라는 발견을 할 수 있습니다. 이렇게 새로운 것을 찾아내고 탐구하려는 노력이 끊이지 않는 한 우리의 사회과학계는 매우 역동적인 형태를 유지할 수 있을 것입니다.

6. 이 장의 참고 문헌

- 김현식 · 문혜진. (2012). 이사와 전학이 학업 성취도에 미치는 영향. 교육학연구, 50(3), 277~302.
- Budig, M. J. (2003). Are women's employment and fertility histories interdependent? An examination of causal order using event history analysis. Social Science Research, 32, 376~401.
- Cornelius, M. D., Goldschmidt, L., Willford, J. A., Leech, S. L., Larkby, C., & Day, N. L.. (2009).
- Body size and intelligence in 6-year-olds: Are offspring of teenage mothers at risk? Maternal and Child Health Journal, 13, 847~856.
- Cui, M., Donnellan, M. B., & Conger, R. D. (2007). Reciprocal influence between parents' marital problems and adolescent internalizing and externalizing Behavior. Developmental Psychology, 43, 1544~1552.
- Dahl, G. B. (2010). Early teen marriage and future poverty. Demography, 47, 689-718.
- Kim, H. S. (2011). Consequences of parental divorce for child development. American Sociological Review, 76, 487~511.
- Kim, H. S. (2012). The longitudinal effects of poverty on child development. Korean Journal of Sociology, 46(6), 31~53.
- Kim, H. S. (2014). Female labour force participation and fertility in South Korea. Asian Population Studies, 10(3), 252~273.
- Kim, H. S. (2017). Impacts of maternity protective leaves on fertility hazards in South Korea. Unpublished manuscript.
- Korenman, S., Miller, J. E., & Sjaastad, J. E.. (1995). Long-term poverty and child development in the United States: Results from the NLSY. Child and Youth Services Review, 17, 127~155.
- Rosenbaum, P. R. (2002). Observational Studies, 2nd eds. New York: Springer-Verlag.

열두 번째 주 week 12

노동패널 분석 1

- 한국노동패널 자료를 활용하여 연구 가설을 검정해 보는 과정을 기술한다.
- 연구 가설을 설정하고, 원자료를 내려 받은 후 R로 불러들이는 방법을 소개하고 연구 가설의 핵심인 원인 변수와 결과 변수를 만든다.

1. 분석 문제

이번 장부터는 자료 분석의 실전 예로서 한국노동패널의 17년 차 조사인 2014년 조사를 연구 가설에 적합하도록 정리해보고 다양한 방식으로 분석해 보도록 하겠습니다. 이 부분에서 핵심 연구 문제는 임금근로자의 노동조합 가입 여부에 따른 임금 차이입니다. 이때 노동조합 가입 여부는 응답자가 다니는 회사에 노동조합이 있는지와 노동조합이 있으면 본인이 가입했는지에 따라 세 가지 범주로 된 변수입니다. 좀 더 세부적으로 말하면, 회사에 노동조합이 없으면 0의 값을 갖고, 노동조합이 있으나 본인이 가입하지 않았으면 1의 값을 갖고, 노동조합이 있으면서 가입했으면 2의 값을 갖습니다. 향후 서술하는 것처럼 예외가 있으나 회사에 노동조합이 없는데 노동자가 가입하는 것은 매우 예외적인 경우여서 노동조합 여부는 세 개의 범주로 이루어진 변수입니다.

종속 변수는 "현재 (주된) 일자리에서 ____님의 임금은 얼마나 됩니까?"에 대한 질문에 응답한, 만 원 단위로 측정된 세금공제 후 월평균 임금입니다. 우리가 보게 될 것처럼 임금은 오른쪽으로 편포된(skewed) 분포를 이루기 때문에 자연로그를 취한 값을 사용하게 될 것입니다.

노동조합 가입 여부가 임금에 주는 영향에 대한 강한 추론을 하기 위해 다양한 혼동 변수를 통제할 것입니다. 이러한 혼동 변수는 개인 수준의 변수와 일자리 관련 변수로 구분할 수 있으며, 분석 자료(analytic data)의 코드북이라고 할 수 있는 〈표 12-1〉에서 그 목록을 제시하고 있습니다. 조금 후부터 변수와 변숫값에 대한 설명을 하게 될 것이지만, 우선은 다음과 같은 점들을 언급하도록 하겠습니다. 변숫값 설명에서 양적 변수는 양적 변수라고 적어 놓았으며, 범주형 변수에는 변숫값을 적고 각 변숫값의 의미를 또한 기술해 놓았기 때문에 특정 변수가 범주형 변수인지 양적 변수인지도 쉽게 구분할 수 있을 것으로 생각됩니다. 저희의 최종 목표는 〈표 12-1〉에서 제시한 혼동 변수를 통제한 상태에서, 노동조합에 관한 원인 변수(causal variable)가 결과 변수(outcome variable)인 임금에 미치는 영향을 추정하는 것입니다.

표 12-1 17차 연도 분석 자료 변수 목록

변수명	변수 설명	변숫값 설명	원 변수
원인 변수			
utype	노동조합 가입 여부	0: 회사에 노동조합 없음 1: 노동조합 있으나 가입 안 함 2: 노동조합 가입	p172501 p172504
결과 변수			
lnwage	로그 월 평균임금(만 원)	양적 변수	p171642
혼동 변수			
gend	성별	0: 남자 1: 여자	p170101
age	연령	양적 변수	p170107
educ	학력	0: 중졸 이후 1: 고졸 2: 전문대, 3년제 대학 졸 3: 4년제 대학 이상	p170110
marri	결혼 상태	0: 결혼한 적 없음 1: 배우자 있음	p175501

		2: 기타(별거, 이혼, 사별)	
rarea	거주 지역	0: 서울 1: 인천·경기 2: 경상도 3: 충청도 4: 전라도 5: 강원도 6: 제주도	p170121
wdur	현재 일자리 일한 기간	년 단위 양적 변수	p170301
nemp	전체 종업원 수	0: 1~9명, 1: 10~29명, 2: 30~99명, 100~299명, 3: 300~999명, 4: 1,000명 이상으로 측정되었으나 양적 변수 취급	p170402 p170403
indus	일자리 산업	0: 농수산광업, 1: 제조건설, 2: 판매, 3: 운송통신, 4: 금융, 5: 기타	p170330
jobty	종사상 지위	0: 상용직 1: 임시직 2: 일용직	p170314
wtime	주 당 근로시간	시간 단위 양적 변수 한국노동패널 1~17차 연도 조사자료 User's Guide 185쪽 참조	p171003 p171004 p171006 p171011 p171012

2. 파일 다운로드

한국노동패널 17차(2014년) 연도 자료로부터 〈표 12-1〉에서 제시한 원자료 변수들을 추출하고 분석 자료 변수로 정리하기 위해 여러분은 몇 가지 파일을 다운로드받아야 합니다. 이를 위해 먼저 한국노동패널 웹사이트를 방문하도록 합시다. Google.com에서 "한국노동패널"이라고 검색하면 아마도 링크된 첫 번째 웹사이트가 "한국노동패널조사에 오신 것을 환영합니다. - 한국노동연구원"이라는 소개 글이 걸린 https://www.kli.re.kr/klips/index.do/일 것입니다. 이제 이 링크로 들어가면 한국노동패널조사에 관한 다양한 정보가 담긴 홈페이지를 볼 수 있습니다. 우선 왜 한국노동패널조사를 만들었는지 혹은 그 목적은 무엇인지 보려면 [한국노동패널조사]라고 되어 있는 메뉴를 클릭해 보시면 됩니다. 이 중에 두 개의 언급할 만한 문단을 뽑아보면 다음과 같습니다.

> 패널조사는 횡단면 조사의 이러한 단점을 보완하면서 동적인 차원에서 가구와 개인의 장기간에 걸친 변화와 상태 간 이동과정을 보여줌으로써 횡단면 자료만 가지고는 불가능한 심도 있는 정책연구 및 정책평가를 가능하게 해주는 장점이 있다.
> 이러한 시점에 한국노동패널조사는 노동시장 관련 시초 조사자료의 미흡 및 부재의 문제를 해소하고 나아가 분석적인 노동시장 연구를 활성화함으로써, 보다 합리적이고 정확한 노동시장 및 고용정책의 수립과 평가에 기여하고자 1998년 처음 시작되었다.

흠, 그런 목적이 있었군요. 메뉴에서 [조사 설계 및 결과]를 보시면 한국노동패널은 1998년 처음 시작되었으나, 표본 이탈로 인해 2009년 표본을 추가했다는 정보가 있습니다. 이 이외에도 여러분은 홈페이지의 이곳저곳을 방문하여 한국노동패널조사가 어떤 조사인지 알아보시기 바랍니다.

이 책에서 자료를 분석하기 위해 다음과 같은 몇 가지 파일을 다운로드해야 합니다: 데이터, 코드북(codebook), 설문지(questionnaire), 유저가이드(user's guide). 데이터는 변수와 변숫값들이 들어 있는 것으로 우리가 분석할 정보를 담고 있습니다. 코드북은 데이터에 담겨 있는 변수와 변숫값들을 설명해 놓은 것으로 이해하시면 됩니다. 설문지는 설문 조사할 때 사용한 설문지이며, 이를 보아야지만 응답자들이 응답할 때 어떤 질문을 받았는지 명확히 이해할 수 있습니다.

예를 들어 잠시 후에 살펴볼 것처럼, 코드북에서 임금을 찾아보면 [월평균 임금액수(만)]으로만 기술되어 있어, 이 변수가 세금공제 전인지 공제 후인지 알 수가 없습니다. 하지만 실제 설문지를 보면 [세금공제 후 월평균 임금]이라고 명시가 되어 있습니다. 따라서 각 변수에 대한 명확한 이해를 위해서는 항상 설문지를 같이 보는 습관을 들일 필요가 있습니다. 더군다나 질문의 단어 하나 차이에 의해 완전히 다른 응답을 하게 되는 조사 문항이 있다면 커다란 문제가 될 수 있으므로 항상 설문지를 살펴보도록 하세요. 마지막으로 유저가이드는 한국노동패널에 대한 설명과 변수의 측정과 관련하여 유용한 정보들을 담고 있습니다. 다음 장에 주 당 근로시간이라는 변수를 만들 텐데, 유저가이드에 나와 있는 조언을 그대로 반영하여 생성할 것입니다.

이제 이 자료들을 다운받기 위해 [데이터다운로드] 메뉴를 클릭해 봅시다. Ooooooops. 노동패널 회원만 이용 가능하다는군요. 그럼 [회원가입]을 클릭하고 약관에 동의한 다음 회원 정보를 입력하여 회원가입을 완료합니다. 그리고 다시 메인 메뉴에서 [로그인]을 클릭하여 회원가입 시 만든 아이디와 비밀번호를 적고 로그인합니다. 자, 로그인했으면 다시 [데이터 다운로드]를 클릭하여 다운로드 페이지로 가도록 합시다. 2016년 5월 29일 아침 9시 기준 7개의 파일이 있는데, 이 중 3번 SPSS 자료와 4번 조사자료 설문지, 유저가이드, 코드북을 다운로드하세요. 다양한 형태의 데이터가 있으나 SPSS 자료를 사용할 것입니다. 제가 한국의 다양한 자료를 분석해 보았을 때, 거의 모든 파일이 SPSS로는 만들어져 있으므로 이 파일을 사용하는 것이 가장 적절해 보이기 때문에 이를 선택했습니다. 물론 R에서는 자료 불러오기에서 논의할 것처럼 다른 모든 파일을 불러올 수 있으므로 어떤 자료 형식을 사용해도 무관합니다.

자료를 다운로드받아 압축을 풀면 데이터는 상당히 많은 파일로 이루어져 있는 것을 봅니다. 그런데 이들 자료의 이름을 보면 [klips01h.sav], [klips01p.sav], [klips02h.sav]… 이런 형태로 되어 있습니다. 각 파일의 이름에서 [klips]는 노동패널이라는 것이고 그다음 나오는 두 숫자는 조사 차수를 의미합니다. 마지막으로 나오는 이름은 [a], [h], [p]로 이루어져 있는데, 순서대로 직업력 자료, 가구 수준 자료, 개인 수준 자료로 이해하시면 됩니다. 이 책에서는 17년 차 개인 수준 자료만 활용할 것이기 때문에 이 파일 중 [klips17p.sav]를 사용할 것입니다.

3. RStudio

분석 자료를 만들기 위해서 SPSS 자료를 R로 불러오도록 합시다. 우리는 지금까지 R에서 명령어 편집기를 이용해서 작업하였습니다. 하지만 맨 처음 주에서 살펴본 것처럼 시간을 절약하면서 R 명령어를 좀 더 예쁘게 편집할 수 있는 프로그램이 있습니다. 그게 무엇이었죠? 네, 이 시간부터는 RStudio를 이용하도록 하겠습니다. RStudio 프로그램을 컴퓨터에 설치하는 방법은 첫 시간에 배웠습니다. 이제 이 프로그램을 열어보도록 하세요. 그러면 다음과 같이 네 부분으로 나눠진 프로그램을 볼 수 있습니다.

그림 12-1 RStudio

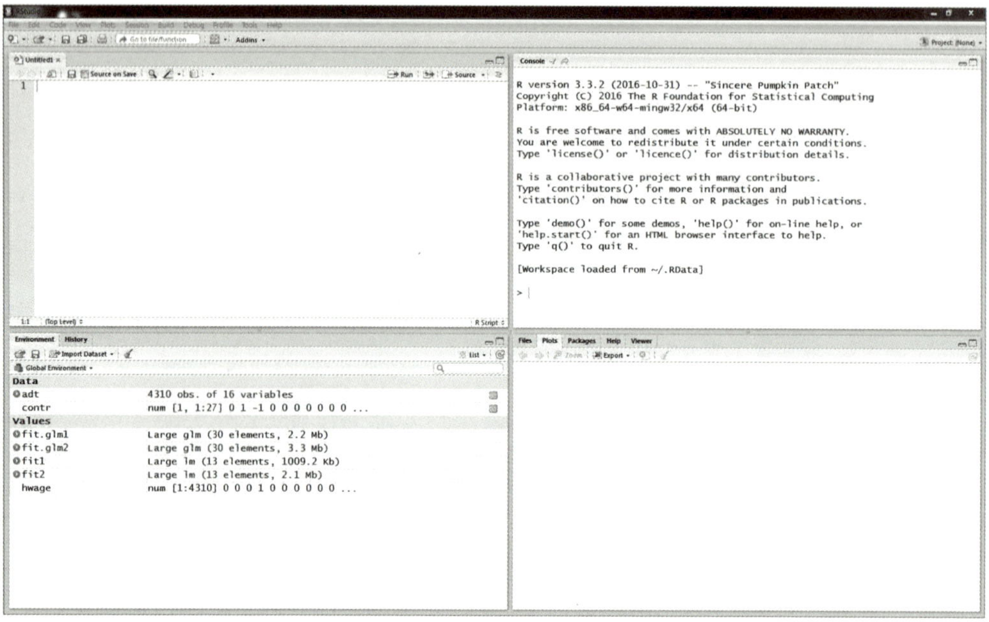

여러분이 맨 처음 RStudio를 열었다면 네 개의 창이 위 그림 같은 방식으로 나누어져 있지는 않을 겁니다. 이 그림은 제가 편하게 사용하기 위해 바꾸어진 형태입니다. 저는 왼쪽에는 명령어 파일을 놓고 오른쪽에는 콘솔을 놓습니다. 그리고 대개 콘솔 아래에는 아무런 것이 없다가, 물음표를 활용하여 특정 명령어에 대한 설명 파일을 찾고자 할 때, 이 부분에서 그 파일이 나타나도록 합니다. 이렇게 혹은 여러분이 원하는 대로 창을 바꾸고자 한다면 상단의 메뉴에서 [Tools] -> [Global Options..]를 누르도록 하세요. 그리고 [Pane Layout]을 누르면 어떻게 배열하고 싶은가를 고를 수 있습니다.

예를 들어 네 부분의 상단에 있는 top-down 메뉴를 눌러보면, 네 가지 부분 중 어떤 부분을 특정 위치에 놓고 싶은지 선택하면 됩니다. 저 같은 경우 왼쪽 위부터 시계방향으로 [Source], [Console], [Files, Plots, Packages, Help, Viewer], [Environment...Presentation]이 되도록 했습니다. 여기에서 Source는 명령어를 쓰는 곳을 의미하고 Console은 명령어가 실행된 창을 의미합니다. 그런 후 [Apply] -> [OK]를 누르면, 창이 위의 그림처럼 바뀌어 있을 겁니다. 이 중에서 아랫부분에 있는 두 창은 잘 보지 않는 것이기 때문에 각 창의 오른쪽 위에 있는 작은 네모 부분, 달리 말하면 메뉴 바 중 가장 오른쪽에서 두 번째에 있는 작은 네모를 클릭하여 안 보이도록 처리합니다. 그러면 이 두 창과 연관된 명령어를 실행하지 않는 한 나타나지 않을 겁니다. 만약 여러분이 RStudio의 글자 크기를 바꾸고 싶다면, 위의 [Global Options] -> [Appearance]에서 바꿀 수 있습니다.

4. 자료 불러오기

이제 한국노동패널 자료를 불러오도록 합시다. 이를 위해 [foreign]이라는 패키지를 설치하여야 합니다. R에서 패키지를 어떻게 설치하는지 기억하시나요? 네, [install.packages]라는 명령어를 사용해서 먼저 패키지를 컴퓨터에 설치하고, 그런 후 [library] 명령어를 활용해서 R에서 사용할 수 있도록 하면 됩니다. 이는 R이나 RStudio나 똑같습니다.

다음의 두 명령어를 실행해 보세요. RStudio에서 명령어는 R 편집기처럼, 특정 명령어가 있는 행에 커서를 놓고 Ctrl + R을 누르시거나 특정 명령어 줄을 하이라이트한 다음 Ctrl + R을 누르면 됩니다. 다음의 두 명령어에서 [install.packages] 명령어를 실행할 때는 [CRAN Mirror]를 선택하라는 등 여러 관문을 거쳐야 하지만, 이에 대한 설명은 이미 앞에서 상세히 적었으니 생략하도록 하죠.

표 12-2 foreign 패키지 설치 및 탐색 경로에 붙이기

```
install.packages("foreign")
library(foreign)
```

위 명령어를 적다 보면 명령어의 색이 달리 나타나는 것을 볼 수 있는데 이는 크게 신경 쓰지 않아도 됩니다. 다만 녹색으로 나타나는 것은 문자를 뜻한다는 정도만 알아두도록 합시다.
이제 한국노동패널 17차 연도 자료를 불러오도록 합시다.

표 12-3 17차 연도 자료 불러오기

```
rdt17 <- read.spss("C:\\asd\\data\\klips\\klips17p.sav", use.value.labels
=FALSE, to.data.frame=TRUE)
```

사실 이 명령문은 한 줄에 다 쓰기에는 무척 깁니다. 그래서 중간에 행을 달리해서 쓰고 싶은데, 파일 이름이 끝나는 첫 번째 쉼표 다음 [use] 앞에서 Enter 키를 쳐 보세요. 그러면 RStudio에서 알아서 다음 줄의 앞 공간을 빈칸으로 만들어 주는 것을 볼 수 있습니다. 즉 어떤 특정 명령어가 다음 줄에 계속된다는 것을 알기 쉽게 빈 공간을 주는데, 이를 들여쓰기(indenting)라고 합니다. 이런 기능이 RStudio의 장점이라고 할 수 있습니다. 앞으로 명령어를 보여드릴 때는 이렇게 RStudio에서 자동으로 들여쓰기한 결과를 보여드릴 겁니다.

[read.spss]라는 명령어는 SPSS 파일을 R로 불러들이는 명령어입니다. 이 명령어를 실행하면 다음과 같은 경고 표시가 뜰 겁니다.

표 12-4 경고 표시

```
Warning message:
In read.spss("C:\\asd\\data\\klips\\klips17p.sav", use.value.labels = FALSE,  :
  C:\asd\data\klips\klips17p.sav: Unrecognized record type 7, subtype 18 en-
countered in system file
```

지금까지 여러 번 본 것처럼 경고 표시는 문제가 있을 수 있다는 것을 알려주지만, 그로 인해 명령어가 실행이 안 되는 것은 아닙니다. 자료가 아무런 문제없이 들어왔는지 보기 위해 [> View(rdt17)]라는 명령어를 실행해 보시기 바랍니다. 이때 자료가 명령어 화면에 뜨면 R이 파일을 읽는 데 성공한 것으로 간주할 수 있습니다. 비록 경고 표시가 뜨지만, 이 자료에 아무런 문제가 없다는 것을 차차 보시게 될 겁니다.

[read.spss]라는 명령어를 설명하면 다음과 같습니다. 이 명령어 안에 불러들일 파일이 있는 폴더의 경로와 파일 이름을 적은 다음 두 개의 옵션 [use.value.labels=FALSE]와 [to.data.frame=TRUE] 옵션을 사용하였습니다. 첫 번째 옵션은 SPSS 파일의 특정 변수 저장 방식과 연관이 있습니다. R에서 factor는 사실 숫자로 되어 있으나, 각 숫자가 이름[label]을 가

지고 있는 변수라는 것은 알 것입니다. SPSS에도 이러한 특성을 가지는 변수들이 있는데, [use.value.labels]가 [TRUE]이면 이 변수들을 불러올 때 이름으로 불러들이는 것이고, [FALSE]이면 숫자로 불러오는 것입니다.

계속해서 이야기하는 것처럼 R은 윈도우와 호환상의 문제가 있을 수 있으므로 이름으로 불러오면 파일이 깨지는 경우가 많습니다. 그래서 항상 초기설정으로 되어있는 [TRUE]를 바꾸기 위해서 [use.value.labels=FALSE]라는 옵션을 줍니다. 그리고 불러온 자료를 data.frame 객체로 지정하기 위해 [to.data.frame=TRUE] 옵션을 주었습니다. 제가 지금까지 다양한 SPSS 파일을 불러왔지만 이 두 가지 옵션을 사용하여 불러왔을 때, 실패한 경우는 한 번도 없었습니다.

앞서 언급한 것처럼 R은 그 어떤 자료 형식도 불러 들어올 수 있는데, 다만 특정 패키지들이 필요할 수 있습니다. 지금의 상황처럼 SPSS를 위해서는 [foreign]이라는 패키지가 있어야 하고, Stata 파일을 불러오기 위해서는 [foreign]이라는 패키지에 있는 [read.dta]라는 명령어를 사용하면 되는데, Stata를 사용해 보신 분들은 이 통계 프로그램의 경우 자료 파일의 확장자가 [dta]라는 것을 알고 계실 겁니다. SAS XPORT 형식으로 되어 있는 파일 역시 [foreign] 패키지에 있는 [read.xport] 명령어를 사용하면 됩니다. SAS 파일 중에서는 [sas7bdat] 형식으로 되어 있는 것도 있는데, 이는 [sas7bdat]이라는 패키지를 설치한 후 불러들일 수 있습니다. R 콘솔에서 [?read.dta] 같은 명령문이나 Google에서 위 단어들로 검색해서 더 많은 것을 찾아보시기 바랍니다.

과연 위에서 불러들인 자료에 문제가 없는지 몇 가지 체크를 해 보도록 합시다. 이를 위해 앞서 다운로드받은 파일 중 코드북이라는 이름이 있는 엑셀 파일을 열어보시기 바랍니다. 이 파일을 열게 되면 여러 개의 sheet를 보실 수 있는데, 이름에서 알 수 있는 것처럼, [가구용]은 가구 자료를 볼 때 사용하는 것이고, [개인용]은 개인 자료를 볼 때, [직업력]은 직업력 자료를 사용할 때 보는 것입니다. 우리는 [개인용] 자료를 사용하기 때문에 [개인용] sheet를 눌러서 이를 연 다음 자판의 Ctrl + Home을 눌러 맨 위로 올라갑니다. 그러면 [1~17차 개인용 데이터]라는 것을 볼 수 있습니다.

이를 보면 [변수설명], [통합변수명], [응답항목_통합]이라는 열 이름과 [1차 빈도]부터 [17차 빈도]까지 열 이름에 더해 마지막으로 [모름/무응답]이라는 열이 있습니다. 일단 4행 1열 [key 변수]라는 셀을 마우스로 클릭한 후 상단의 메뉴에서 [보기] -> [틀 고정] -> [틀 고정]을 누릅니다. 이렇게 하면 아무리 아래로 셀을 이동한다고 하더라도 세 번째 행까지는 계속해서 볼 수 있어 각 열이 무엇을 의미하는지 알 수 있습니다. 여하튼 다섯 번째 행을 보면 [개인 고유번호]라는 변수설명에 통합변수명이 [pid]인 것이 있습니다. 이는 자료에 [pid]라는 변수가 있는데, 이는 개인 고유번호를 담고 있다는 것이지요. 그리고 [17차 빈도] 열을 보면 13,169라고 되어 있는데, 이는 이 차수의 자료에 들어 있는 사례 수를 의미합니다.

이제 우리의 자료로 돌아가, [> dim(rdt17)]이라고 실행하면, 13,169행에 694열이 있다는 것을 보여줍니다. 즉 [rdt17]에 들어 있는 사례 수가 13,169이며 변수 수는 694개라는 것을 알 수 있습니다. 이어 [> str(rdt17$pid)]라는 명령어를 실행해 보면 [num [1:13169] 101 102 201 202 203 401 402 602 902 903…]라는 결과가 나오는데, 이게 무엇을 뜻하는지 해석하실 수 있다고 생각됩니다. 여기에서도 보는 것처럼 원자료(raw data)에는 13,169개의 사례가 담겨 있습니다.

자료가 정말 제대로 된 것인지 다시 한 번 확인하기 위해 성별 변수의 분포를 보도록 합시다. 코드북의 58번째 행으로 가면 성별을 나타내는 [p__0101] 변수가 있습니다. 한국노동패널은 동일한 사람을 매년 추적한 종단 자료 혹은 패널 자료이기 때문에 같은 질문에는 같은 변수 이름을 사용하게 됩니다. 그런데 조사한 차수가 다르므로 이를 변수 이름에 반영하여야 합니다. 그래서 변수 이름을 보면 위의 형식을 띠고 있습니다. 위의 변수 이름에서 [p]는 개인용 자료라는 것을 의미하고, [__]는 조사 차수를 의미하여, 우리가 17차 연도 자료를 사용하기 때문에 17이 들어가야 합니다. 그리고 [0101]은 성별 변수라는 것입니다. 만약 1차 연도의 성별 변수를 보고 싶다면 [klips01p.sav]라는 자료를 불러와서 [p010101]이라는 변수의 분포를 보면 됩니다.

이제 17차 연도의 성별 변수를 보기 위해 RStudio의 콘솔에 [table(rdt17$p170101, useNA="ifany")]라고 쓰신 후 Enter 키를 눌러 명령어를 실행해 보시기 바랍니다. 여러분이 이 명령어를 치는 과정에서 RStudio가 다양한 형태의 자동완성 기능을 활용하고 있는 것을 인식할 수 있습니다. 이렇게 RStudio는 명령어를 쉽게 사용할 수 있는 명령어 자동완성 기능도 가지고 있고, 이런 이유로 RStudio를 활용하게 됩니다.

여하튼 위의 명령어를 실행하면 1의 값을 갖는 사례가 6217이고 2의 값을 갖는 사례가 6952라는 것을 알 수 있습니다. 이제 다시 코드북을 보면 [17차 빈도] 열에 있는 분포가 똑같은 것을 봅니다. 그리고 코드북을 살펴보면 1의 값은 남자를, 2의 값은 여자를 나타낸다는 것을 알 수 있습니다. 이런 결과를 보면 비록 SPSS 자료를 불러올 때 경고 표시가 있었으나 자료에는 문제가 없다는 것을 알 수 있습니다. 관심 있는 독자들은 다른 변수들의 분포도 확인하여 더 많은 확신을 갖기를 바랍니다.

5. 필요한 변수만 고르기

〈표 12-1〉에 있는 분석 변수를 만들기 위해 앞으로 사용할 변수들만을 골라내어 새로운 객체로 지정하도록 합시다. 이렇게 사용할 변수만 따로 골라내서 필요 없는 변수는 객체에 남겨두지 않음으로써 메모리의 용량을 줄일 수 있습니다.
다음의 명령어를 실행해 봅시다.

표 12-5 원자료의 변수 선택

```
rdt <- subset(rdt17,
              select=c(pid, p172501, p172504, p171642,
                       p170101, p170107, p170110, p175501, p170121,
                       p170301, p170402, p170403, p170330, p170314,
                       p171003, p171004, p171006, p171011, p171012))

names(rdt) <- c("pid", "r_union", "r_parti", "r_wage",
                "r_gend", "r_age", "r_educ", "r_marri", "r_rarea",
                "r_syear", "r_nemp1", "r_nemp2", "r_indus", "r_jobty",
                "r_rtime", "r_wtime1", "r_wtime2", "r_otime", "r_wtime3")
```

첫 번째 명령어에서는 [subset]이라는 명령어를 활용하여 원자료에서 몇몇 변수들만을 뽑아내도록 한 후 이를 [rdt]라는 객체로 저장하도록 하였습니다. [subset]이라는 명령어는 특정 객체의 하위 집단을 뽑아낼 때 사용하는 명령어인데, 명령어 다음에 원래 객체의 이름을 적고 [select]라는 옵션 다음에 변수 이름을 적으면 이 변수들만을 뽑아내게 됩니다. 여기서 사용하지 않은 옵션 중 [subset]이라는 옵션도 있는데 예를 들어 위의 명령어에 [subset= p170101==1]이라고 적게 되면 남자의 사례만 추출하게 됩니다. 또 한 가지 변수명을 적어 변수들을 추출하게 되면 새로운 객체의 열의 순서가 적어 놓은 변수 이름순으로 된다는 것입니다.

이러한 특성을 이용하여 두 번째 명령어에서 원래 변수의 이름을 사용하고자 하는 변수 이름으로 바꾸었습니다. 예를 들어 [pid]는 그대로 [pid]이지만, [p172501]은 [r_union]으로 바꾸었습니다. 여기서 [r_]은 원자료 즉 raw data의 변수명을 의미합니다. 위의 두 명령어를 실행한 다음 [〉 View(rdt)]를 실행해 보시면 새로운 객체의 내용을 볼 수 있습니다.

6. 원인 변수(causal variable)인 노동조합 가입 변수 만들기

우리 연구의 핵심인 원인 변수 즉 노동조합 가입 여부에 대한 변수를 만들어 보도록 하겠습니다. 코드북에서 [2501]이라는 변수명을 검색해 보면 [p__2501]은 노조 유무에 관한 변수로 1의 값은 "있다"를, 2의 값은 "없다"를, 3의 값은 "모른다"를 의미한다고 되어 있습니다. 그다음 몇 줄 더 아래로 가면 [p__2504]라는 변수가 있어 이는 노조가입 여부를 나타내는데, 1의 값은 "가입하고 있다"를 2의 값은 "가입하고 있지 않다"를 나타낸다고 나와 있습니다. 그렇다면 이 변수를 이용하여 어떻게 세 범주로 된 즉 0: 노동조합이 없다, 1: 노동조합이 있으나 가입하지 않았다, 2: 노동조합이 있고 가입했다는 변수를 만들 수 있을까요?
이에 대한 생각을 정리해 보기 위해 다음의 명령어를 사용하여 두 변수의 분포를 살펴봅시다.

표 12-6 원자료의 변수 분포

```
> addmargins(table(rdt$r_union, rdt$r_parti, useNA="ifany"))
        -1     1     2  <NA>   Sum
  1      0   524   402     0   926
  2      0     8  4259     0  4267
  3      1     0   133     0   134
  <NA>   0     0     0  7842  7842
  Sum    1   532  4794  7842 13169
```

일단 가장자리 분포를 보면 코드북의 분포와 동일한 것을 볼 수 있습니다. 예를 들어 [r_union]에서 1, 2, 3의 값을 가진 사례 수는 순서대로 926, 4267, 134입니다. 이에 반해 [r_parti]의 분포를 보면 -1의 값을 가진 사례가 하나 있으나 코드북에는 없는 것처럼 나옵니다. 사실 -1 값은 코드북의 맨 오른쪽에 보시면 [모름/무응답]을 나타내는 변숫값입니다. 그리고 상당한 수의 사례들이 [NA]의 값을 가지고 있는데, 이들은 임금근로자가 아니므로 이 질문에 해당되지 않았을 것입니다.

위의 분포에서 혹시 이상한 값이 있지 않나요? 네, 회사에 노동조합이 없으나 자신은 노동조합에 가입하고 있다는 사례가 8 사례 있습니다. 이들은 자신이 노동조합에 가입하고 있으므로 회사 내에 노동조합이 있다고 봐야겠지요? 물론 자신의 회사에 노동조합이 존재하지 않고 지역노동조합에 가입하고 있어 노동조합에 가입하고 있을 수 있으나, 분석의 단순화를 위해 이런 사례는 여기서 없다고 가정합시다. 설령 이 8 사례들이 이런 범주에 해당하는 노동자들이라고 하더라도 8 사례를 다른 범주로 만들어 통계 분석을 하기에는 사례 수의 부족으로 신뢰하기 어려운 결과만을 얻게 되기 때문에 여기서는 이 범주를 회사 내 노동조합이 있는 사례로 간주하겠습니다.

자, 이제 그럼 다음과 같은 순서대로 변수를 만들면 되겠군요. 우선 0은 회사에 노동조합이 없다는 것을, 1은 노동조합이 있다는 것을 나타내는 변수를 담고 있는 [union]이라는 변수를 만들되, [r_union]에서 1의 값은 [unioin]에서 1의 값을 가지도록, 2의 값은 0의 값을 가지도록, 3의 값은 결측값(NA)을 가지도록 만들어 봅시다. 여기에서 모른다고 하면 결측값을 갖도록 한 것을 주의 깊게 보시기 바랍니다. 그런데 [r_parti]가 1의 값을 가지면 [union]은 1의 값을 가져야 되겠네요. 이는 다음의 두 명령어로 만들 수 있습니다.

표 12-7 [union] 변수 만들기

```
rdt$union <- c(1, 0, NA)[match(rdt$r_union, c(1, 2, 3))]
rdt$union[rdt$r_parti==1] <- 1
```

아마도 [match]라는 명령어를 처음 볼 텐데, 이는 한 변수의 변숫값을 재부호화(recoding)할 때 유용한 명령어입니다. 여기서 명령어를 해석해 보면 [r_union]의 1의 값은 1의 값으로, 2의 값은 0의 값으로, 3의 값은 NA로 바꾸어 [union]이라는 변수를 만들라는 것입니다. 이를 위해 처음 [c(1, 0, NA)]에는 새로운 변숫값을 나열하고, []를 사용하여 [match]라는 명령어를 넣고, 원래의 변수 이름과 c()를 활용하여 원래의 변숫값을 순서대로 나열했습니다. 여기서

c()가 두 번 사용되었는데, 이 안에 있는 변숫값의 순서가 매우 중요하여 이 순서가 바뀌면 완전히 다른 변수로 만들어진다는 것에 유의할 필요가 있습니다.

두 번째 명령어에서는 앞에서 지적한 것처럼 노동조합에 가입해 있으면 회사에 노동조합이 있도록 만들라고 지정하였습니다.

그럼 [parti]라는 변수를 만들되, 0의 값은 노동조합에 가입되어 있지 않다는 것을, 1의 값은 노동조합에 가입되어 있다는 것을 의미하게 만들고 싶습니다. 이를 위해 앞서 만든 [union]이 0이면 [parti]는 0이고, [union]이 1이면 두 가지 경우로 나누어 [r_parti]가 1이면 1의 값을 주고 [r_parti]가 2이면 0의 값을 주면 될 것입니다. 이런 추론을 실행하는 명령어는 다음과 같습니다.

표 12-8 [parti] 변수 만들기

```
rdt$parti <- ifelse(rdt$union==0, 0,
                    ifelse(rdt$r_parti==1, 1,
                           ifelse(rdt$r_parti==2, 0, NA)))
```

위의 명령어는 세 개의 [ifelse]로 구성되어 있습니다. [ifelse]는 세 가지가 있어야 하는데 처음에는 특정 조건이 나오며, 두 번째는 그 조건이 [TRUE] 값을 가질 때 사용할 변숫값을 세 번째는 그 조건이 FALSE일 때 사용할 변숫값을 주게 됩니다. 예를 들어 위의 첫 번째 [ifelse]에서 [union]이라는 변숫값이 0이면 [parti]는 0의 값을 주도록 했고, 그렇지 않으면 다시 [ifelse]로 들어가도록 했습니다. 두 번째 [ifelse]에서는 [r_parti]가 1의 값을 가지면 [parti]가 1의 값을 가지도록 하였고, 그렇지 않으면 세 번째 [ifelse]로 들어가도록 하였습니다. 마지막 [ifelse]에서는 [r_parti]가 2의 값을 가지면 [parti]는 0의 값을 가지고 그렇지 않으면 NA값을 가지도록 하였습니다.

이렇게 만든 [union]과 [parti]를 활용하여 교차표를 만들어 봄으로써 우리가 원하는 변수를 만들었는지 확인해 봅시다.

표 12-9 [union]과 [parti]의 교차표

```
> addmargins(table(rdt$union, rdt$parti, useNA="ifany"))
           0     1  <NA>   Sum
  0     4259     0     0  4259
  1      402   532     0   934
  <NA>     0     0  7976  7976
  Sum   4661   532  7976 13169
```

〈표 12-9〉의 교차표와 〈표 12-6〉의 교차표를 비교해 보면 우리가 원하는 대로 두 변수를 만들었다는 것을 확인할 수 있습니다. 이렇게 우리가 새로운 어떤 변수를 만들면 항상 이전 변수와 비교하여 문제가 없는지 확인하는 것이 필요합니다. 그렇지 않으면 부지불식간에 커다란 실수를 한 것을 모르고 지나칠 수 있습니다. 이런 일은 실제로 매우 빈번하게 일어나 커다란 학문적 논쟁으로 번지는 경우가 있습니다.

일례로 현재의 Princeton 대학의 정치학과 교수로 있는 Kosuke Imai라는 학자는 저명 저널에 출간된 다른 연구자들의 분석을 재생하면서 이런 실수를 지적하고 결과가 완전히 달리 나온다는 것을 보여준 적이 있습니다. 물론 원래 저자들인 Gerber & Green은 다시 자신들의 자료를 분석하고 Imai의 결과와 비교하여, 몇 가지 실수가 있었지만 이런 실수를 교정하여도 원래 주장이 옳다는 주장을 했답니다. Google에서 [Imai Gerber & Green]으로 검색해서 재미있는 비하인드 스토리도 확인해 보세요. 오, Google 신이시어!!!

그럼 마지막으로 〈표 12-1〉에 나온 것과 같이 최종적으로 사용할 세 범주로 이루어진 [utype]이라는 변수를 만들어 보겠습니다. 이 명령어들은 지금까지 해 온 것에서 벗어나지 않기 때문에 따로 설명하지는 않겠습니다.

표 12-10 [utype] 변수 생성

```
rdt$utype[rdt$union==0] <- 0
rdt$utype[rdt$union==1 & rdt$parti==0] <- 1
rdt$utype[rdt$union==1 & rdt$parti==1] <- 2
```

7. 결과 변수(outcome variable)인 로그 임금 만들기

로그 임금을 만들기 전에 [> summary(rdt$r_wage)]라는 명령어를 사용하여 원자료의 원래 변수에 대한 기술 통계를 살펴보면, 이 변수가 -1의 값을 가진 사례 즉 [모름/무응답] 사례가 있는 것을 알게 됩니다. 이런 사례의 경우 결측값으로 처리한 후에 로그를 취하도록 하겠습니다.

표 12-11 로그 임금 변수 생성

```
rdt$wage <- ifelse(rdt$r_wage<0, NA, rdt$r_wage)
rdt$lnwage <- log(rdt$wage+0.01)
```

첫 번째 명령문에서는 [ifelse]를 활용하여 원래 변수에서 0 미만의 값을 가지면 결측 처리하였고, 그 이외에는 원래 변수값을 그대로 사용하도록 하였습니다. 그리고 두 번째 명령문에서는 임금에 자연로그를 취하도록 하였는데, 이때 원래 변숫값에 0.01을 더한 것을 봅니다. 혹시 왜 이런 값을 더했는지 아시나요? 네, 그렇습니다. 로그를 취하면 원래 값이 0인 경우 정의가 되지 않기 때문에 즉 log(0)은 없어서 문제가 생기게 됩니다. 이런 문제를 없애주기 위해 매우 작은 수를 더하는 경우가 많습니다. 물론 0의 값을 결측 처리할 수도 있으나, 여기에서는 0.01를 더하여 로그를 취하였습니다.

열세 번째 주 week 13

노동패널 분석 2

- 다양한 혼동 변수를 만드는 명령어를 살펴보고 결측 사례가 있을 때 널리 사용되는 방법을 소개하고 기초 분석을 실시한다.
- 원인 변수와 결과 변수의 관계를 시각화하고 영가설을 검정하는 방법을 논의한다.

1. 혼동 변수 만들기

앞 장의 〈표 12-1〉에 정리한 혼동 변수를 생성하는 명령어를 다음의 〈표 13-1〉에 보여주고 있습니다. 모든 변수에 대한 정리는 []를 활용하여 하위집단을 구분하는 것과 [cut], [ifelse], [match] 명령어로 구성되어 있습니다. 이 모든 명령어의 활용에 대해서는 이미 다루었기 때문에 여기서 더 이상 논의하지는 않겠습니다.

표 13-1 17차 연도 분석 자료 추출 및 정리 명령어

```
## confounding variables

# individual charateristics
rdt$gend <- rdt$r_gend-1
rdt$age <- rdt$r_age
rdt$educ <- c(0,0,0,0,1,2,3,3,3)[match(rdt$r_educ, c(1,2,3,4,5,6,7,8,9))]
rdt$marri <- c(0,1,2,2,2)[match(rdt$r_marri, c(1,2,3,4,5))]
rdt$rarea <- c(0,2,2,3,1,4,2,1,5,3,
                3,4,4,2,2,6,5,5,3)[match(rdt$r_rarea, 1:19)]
#서울, 경기, 경상도, 충청도, 전라도, 강원도, 제주도
```

```
11.
12. # job characteristics
13. rdt$wdur <- ifelse(rdt$r_syear<0, NA, 2014-rdt$r_syear)
14. rdt$nemp_1 <- cut(rdt$r_nemp1, breaks=c(0, 9, 29, 99, 299, 999, Inf),
15.                   labels=FALSE)-1
16. rdt$nemp_2 <- cut(rdt$r_nemp2, breaks=c(0, 2, 3, 6, 7, 9, 10),
17.                   labels=FALSE)-1
18. rdt$nemp <- ifelse(is.na(rdt$nemp_1)==TRUE, rdt$nemp_2, rdt$nemp_1)
19. rdt$indus <- cut(rdt$r_indus,
20.                  breaks=c(0, 150, 499, 599, 649, 699, 999),
21.                  labels=FALSE)-1
22. #1차, 제조건설, 판매, 운송통신, 금융, 기타
23. rdt$jobty <- c(0,1,2)[match(rdt$r_jobty, c(1,2,3))]
24.
25. ## weekly working time: p. 185 of User's Guide
26. rdt$r_wtime1[rdt$r_wtime1==-1] <- NA
27. rdt$r_wtime2[rdt$r_wtime2==-1] <- NA
28. rdt$r_wtime3[rdt$r_wtime3==-1] <- NA
29. rdt$wtime <- ifelse(rdt$r_rtime==2,
30.                     rdt$r_wtime1, NA)
31. rdt$wtime <- ifelse(rdt$r_rtime==1 & rdt$r_otime==1,
32.                     rdt$r_wtime2, rdt$wtime)
33. rdt$wtime <- ifelse(rdt$r_rtime==1 & rdt$r_otime==2,
34.                     rdt$r_wtime2+rdt$r_wtime3, rdt$wtime)
35. rdt$wtime <- ifelse(rdt$wtime>15*7, NA, rdt$wtime)
```

다만 14째 줄부터 보시면 [cut]의 명령어에서 [labels=FALSE]라는 옵션을 주고 있는데, 이에 대해서는 약간의 설명이 필요한 것 같습니다. 원래 [cut]의 명령어를 사용하면 초기설정은 [labels=TRUE]로 되어 있어 새로 만들어지는 변수는 factor의 특성을 갖는다는 것을 알 것입니다. 하지만 [labels=FALSE]라는 옵션을 주면 새로 만들어지는 변수는 factor가 아닌 numeric으로 생성됩니다.

어떤 변수가 어떤 특성이 있는지 알아보는 명령어가 무엇인지 기억나시나요? 네, 그렇죠. [class]라는 명령어였습니다. 여러분이 14~15줄에 있는 명령어 중 마지막에 있는 [-1]을 빼고, [labels=TRUE]와 [labels=FALSE]의 옵션을 주어 서로 다른 변수를 만든 후 [class]를 활용하여 변수의 특성을 보면, 앞의 옵션일 때는 factor로 나오지만, 뒤의 옵션을 주면 integer의 특성을 갖는다는 것을 알게 될 것입니다. 〈표 13-1〉에서 실제로 [nemp_1]이라는 변수를 만들

때는 이렇게 [labels=FALSE]라는 옵션을 주어 integer로 만든 후 1을 빼 주었기 때문에 0의 값부터 시작하는 integer 변수로 만들어진 것입니다.

또 18번째 줄을 보면 [is.na]라는 명령문이 나오는데, 이는 특정 변수의 값이 결측값(NA)이면 TRUE 값을, 결측값이 아니면 FALSE 값을 주라는 명령어입니다.

그리고 25줄부터는 주중 노동시간을 측정하는 변수를 만들고 있는데, 이는 한국노동패널의 『유저가이드(User's Guide)』 185쪽부터 나와 있는 코드를 적용한 것입니다. 다만 사용자 설명서에서는 다른 통계 프로그램으로 쓰여 있는 것을 R 코드로 바꾸고, 마지막 35줄에 있는 내용을 넣었습니다. 마지막 줄에 있는 내용은 하루에 15시간씩 일주일 내내 일한 노동자의 경우 결측값으로 바꾸라는 것인데, 이는 이렇게 오랜 노동을 할 수 없어서 원자료(raw data)를 만드는 과정에서 잘못 기입되었을 가능성이 높아 결측값으로 바꾸었습니다.

2. 결측 사례 제거 및 분석 자료 저장

모든 분석 변수를 만들었으니 이제 이들 분석에 사용할 변수만을 추출합니다. 다음의 명령어를 실행하면 [adt](analytic dataset의 준말)라는 객체가 만들어질 것입니다.

표 13-2 분석 변수 추출

```
adt <- subset(rdt,
              select=c("pid", "union", "parti", "utype", "wage", "lnwage",
                "gend", "age", "educ", "marri", "rarea",
                "wdur", "nemp", "indus", "jobty", "wtime"))
```

[View] 명령어를 활용하여 [adt]라는 객체를 살펴보면, [NA]의 값을 갖는 사례들이 적지 않은 것을 봅니다. 이렇게 결측값을 가지고 있는 사례들을 다루는 매우 다양한 방법이 있으나, 이 수업에서는 사례제거법(listwise deletion) 또는 완전자료법(complete data approach)이라고 불리는 방법만을 소개합니다. 말 그대로 이 방법은 적어도 하나의 변수에 결측값(NA)이 있는 사례는 분석에서 제거하는 방법입니다.

사례제거법을 적용하기 전에 변수별로 결측값이 몇 개나 되는지 알아봅시다.

표 13-3 [union]의 결측 사례 수

```
> dim(adt)
[1] 13169    16
> sum(is.na(adt$union))
[1] 7976
```

위의 명령문 실행 결과를 보면 [adt]에는 13,169명의 사례가 있습니다. 두 번째 명령문 결과는 [union] 변수에서 결측값을 가지고 있는 사례가 얼마나 많이 있는지 보여줍니다. [is.na] 명령문은 특정 사례가 결측값을 가지면 TRUE를 결측값이 아니면 FALSE를 나타내는데, TRUE는 1의 값을 그리고 FALSE는 0의 값을 가지고 있습니다. 따라서 [sum(is.na(adt$union))]이라는 명령어는 결측값을 가진 사례가 몇 개나 되는지를 보여주게 됩니다. 위의 명령어에서 아이디어를 얻어 다음과 같은 명령어를 실행해 보면, 변수별로 몇 개의 사례가 결측값을 가졌는지 알 수 있습니다.

표 13-4 변수별 결측 사례 수

```
> apply(adt, 2, function(x) sum(is.na(x)))
   pid  union  parti  utype   wage lnwage   gend    age   educ  marri
     0   7976   7976   7976   7861   7861      0      0      2      0
 rarea   wdur   nemp  indus  jobty  wtime
     0   5536   8091   5498   7842   7869
```

[apply]라는 명령어는 세 번째 있는 옵션인 특정 함수(function)를, 첫 번째 옵션인 객체(adt)에 적용하는데, 두 번째 옵션인(2) 열별로 적용하라는 것입니다. 여기서 적용하고자 하는 함수는 [sum(is.na(x))]이므로 결측 사례 수를 계산하는 것입니다. 또한 [adt]는 행이 사례이고 열이 변수인 객체이므로, 위의 명령어는 변수별로 결측값의 사례 수를 나타내게 됩니다. 만약 사례별로 모든 변수를 고려할 때 결측값이 몇 개인지 보고자 한다면 [apply] 명령어의 두 번째 옵션을 [1]로 바꾸어 주면 됩니다. 세 번째 옵션을 보면 [function(x) sum(is.na(x))]라는

명령어는 특정 함수를 만들되, [x]라는 객체가 있으면 그 객체의 [sum(is.na(x))]를 보여주라는 명령어입니다.

위 결과를 보면 [pid], [gend], [age], [marri], [rarea]에는 결측 사례가 하나도 없습니다. 다양한 변수 중 [nemp]의 변수에서 가장 많은 결측값이 있어 8,091의 사례가 결측값을 갖고 있네요.

모든 변수에 걸쳐 하나라도 결측값을 가지는 사례를 제거하는 명령어는 매우 간단해서, 다음과 같습니다.

표 13-5 결측 사례 제거하기

```
> adt <- adt[complete.cases(adt),]
> dim(adt)
[1] 4310   16
```

[complete.cases]라는 명령어를 사용하여 얻어지는 결과는 TRUE(=1) 혹은 FALSE(=0)의 값을 갖는데, 하나도 결측값이 없으면 TRUE의 값을, 하나라도 결측값이 있으면 FALSE의 값을 갖습니다. 그래서 위의 명령어를 보면 [] 연산자(operator) 중 행을 뜻하는 곳에 이 명령어의 결과를 넣으면 하나도 결측값이 없는 사례만 남게 되어 [adt] 객체가 새롭게 만들어집니다. 이렇게 하나라도 결측값이 있는 사례를 제거한 후 사례 수를 보면 4,310개인 것을 알 수 있습니다. 다시 말해 최종적으로 우리가 분석에 사용하게 될 사례는 4,310개인 것입니다.

여기까지 공부하면서 다음과 같은 의문이 드는 사람 있나요? 우리의 연구는 노동조합 가입 여부가 임금에 주는 영향을 살펴보는 연구로써, 이 연구에 적합한 사람은 노동조합에 가입할 수 있는 사람이어야 합니다. 노동조합에 가입할 수 있는 사람은 당연히 임금노동자여야겠지요? 그런데 우리는 임금노동자만을 추출해 내는 명령어를 그 어디에서도 사용하지 않았습니다. 이렇게 연구 대상 적격자가 아닌 사람들이 들어 있는 자료를 분석해도 되는 걸까요?

그렇지 않습니다. 연구 대상 적격자가 아닌 사람을 포함하게 되면 표집이 잘못된 것이기 때문에 문제가 생기게 되겠지요. 사실 임금노동자만을 뽑아내는 명령어를 명시적으로 사용하지는 않았지만, 암묵적으로 임금노동자만을 뽑아내는 변수를 사용하고 있으므로 따로 임금노동자 변수를 만들지 않았습니다. 그 암묵적으로 사용한 변수가 무엇인가요? 네, 그렇습니다. [p170314] 혹은 [r_jobty], 종사상 지위입니다. 〈표 13-1〉의 23줄에서 종사상 지위 중 상용, 임시, 일용직만을 사용하였는데, 이들이 임금노동자들이기 때문입니다. 한국노동패널 User's Guide 179쪽을 보면 이 변수를 사용하여 임금노동자를 구별하기를 권하고 있습니다. 이런 정보를 미리 알고 있었기 때문에 임금노동자를 추출하는 변수를 따로 만들지 않았습니다. 어떤가요? 여러분들이 특정 자료와 관련된 모든 설명서를 충분히 인지하고 있는 것이 자료를 분석할 때 도움이 된다는 것을 느끼시나요?

이제 마지막으로 위에서 만든 자료를 저장하도록 합시다. 저장하지 않으면 다음번에 사용하게 될 때 다시 처음부터 명령어를 실행해야 하니까요.

표 13-6 분석 자료 저장하기

```
save(adt, file="C:/asd/data/adt.RData")
```

3. 기초 분석

이제 분석 자료를 가지고 분석을 시작해 보겠습니다. 우선 자료가 잘 정리되었는지 살펴볼 필요가 있습니다.

표 13-7 기초 통계 보기

```
> summary(adt)
      pid                union              parti              utype
 Min.   :      102   Min.   :0.0000   Min.   :0.00000   Min.   :0.0000
 1st Qu.:   185304   1st Qu.:0.0000   1st Qu.:0.00000   1st Qu.:0.0000
 Median :   346302   Median :0.0000   Median :0.00000   Median :0.0000
 Mean   :  1821757   Mean   :0.1599   Mean   :0.09629   Mean   :0.2561
 3rd Qu.:   580877   3rd Qu.:0.0000   3rd Qu.:0.00000   3rd Qu.:0.0000
 Max.   :11014502   Max.   :1.0000   Max.   :1.00000   Max.   :2.0000
wage             lnwage           gend              age
 Min.   : 10.0   Min.   :2.304   Min.   :0.0000   Min.   :18.00
 1st Qu.: 140.0   1st Qu.:4.942   1st Qu.:0.0000   1st Qu.:34.00
 Median : 200.0   Median :5.298   Median :0.0000   Median :42.00
 Mean   : 238.8   Mean   :5.293   Mean   :0.4012   Mean   :43.64
```

```
3rd Qu.: 300.0    3rd Qu.:5.704    3rd Qu.:1.0000    3rd Qu.:52.00
Max.    :4000.0   Max.    :8.294   Max.    :1.0000   Max.    :85.00
     educ              marri             rarea              wdur
Min.    :0.000    Min.    :0.0000   Min.    :0.000    Min.    : 0.000
1st Qu.:1.000     1st Qu.:1.0000    1st Qu.:1.000     1st Qu.: 1.000
Median :2.000     Median :1.0000    Median :1.000     Median : 4.000
Mean    :1.699    Mean    :0.8845   Mean    :1.639    Mean    : 6.407
3rd Qu.:3.000     3rd Qu.:1.0000    3rd Qu.:2.000     3rd Qu.: 9.000
Max.    :3.000    Max.    :2.0000   Max.    :6.000    Max.    :46.000
     nemp              indus            jobty              wtime
Min.    :0.000    Min.    :0.000    Min.    :0.0000   Min.    :  3.00
1st Qu.:0.000     1st Qu.:1.000     1st Qu.:0.0000    1st Qu.: 40.00
Median :1.000     Median :2.000     Median :0.0000    Median : 44.00
Mean    :1.807    Mean    :2.794    Mean    :0.3258   Mean    : 46.62
3rd Qu.:3.000     3rd Qu.:5.000     3rd Qu.:0.0000    3rd Qu.: 52.00
Max.    :5.000    Max.    :5.000    Max.    :2.0000   Max.    :105.00
```

[summary] 명령어는 factor 변수인 경우 각 범주의 사례 수를 보여주고, numeric 변수의 경우 5가지 요약 값(five number summary)과 평균을 보여준다는 것을 기억하실 겁니다. 그런데 우리의 분석 자료는 모두 numeric으로 되어 있으므로 5가지 요약 값과 평균만이 제시되었습니다. 이에 더해 만약 특정 변수에 결측값이 존재한다면 [NA's]라는 마지막 부분에서 결측 사례 수를 제시하는데 현재 자료에는 결측값이 없어서 그 결과는 보이지 않고 있습니다. 자료가 잘 정리되었는지 살펴볼 때 최솟값과 최댓값이 이론적 값 안에 있는지 살펴보는 것입니다. 회사 내 노동조합의 존재 유무를 뜻하는 [union]은 0과 1의 값을 갖도록 만들었는데, 그 이외의 값이 있다면 잘못 만든 것이기 때문에 이 변수를 만든 부분을 다시 살펴보아야 합니다. 〈표 13-7〉에서는 다행히 모든 값이 이론적 값 안에 존재하고 있는 것을 봅니다.

[union]과 [parti]의 결과를 보면 노동조합이 있는 회사에 다니는 사람이 약 16.0%이고 노동조합에 가입한 사람이 9.6% 정도인 것을 봅니다. 그 차이인 6.4%가 노동조합이 있는 회사에 다니지만, 노동조합에 가입하지는 않은 것을 알 수 있습니다. 임금[wage]을 보면 10만 원부터 4,000만 원까지 분포되어 있고, 중간값(median)은 200만 원 정도인데 평균은 239만 원 정도네요. 전체적으로 임금 분포가 오른쪽으로 편포되어 있다는 것을 알 수 있습니다. 표본 중 여성[gend]이 40.1%를 이루고 있다는 것을 알 수 있고, 평균 연령[age]은 43.6세입니다.

한 주 동안 일하는 시간[wtime]을 보면 평균 46.6시간을 일하고 있고, 상위 1/4 정도(3rd Qu)

는 52시간을 일하고 있습니다. 토요일 · 일요일이 휴일이라고 하면 하루 평균 10시간을 일한다는 것이고, 점심과 저녁 식사 시간 1시간씩을 제외하면 아침 9시 출근해서 저녁 9시 퇴근하는 사람이 전체 임금노동자의 1/4이라고 생각하면 되겠네요. 일주일에 2시간이 더 붙고 금요일에는 조금 일찍 퇴근한다고 보면 이런 사람들은 아침 9시 출근해서 저녁 10~11시 퇴근이네요. What a wonderful world!

앞으로의 분석에서 명령어를 단축하기 위해 [> attach(adt)]를 먼저 실행하도록 합시다. 이제 종속 변수인 [lnwage]의 분포를 그림으로 살펴보고자 합니다. 양적 변수의 분포를 나타낼 때, 어떤 그림이 가장 좋은가요? 네, 히스토그램이겠죠? 이를 먼저 그려보겠습니다.

표 13-8 로그 임금 히스토그램: 〈그림 13-1〉

```
hist(lnwage, freq=FALSE, main="",
     xlab="Ln(Wage)", ylab="Density", ylim=c(0, 0.8))
lines(density(lnwage))
```

그림 13-1 로그 임금의 히스토그램

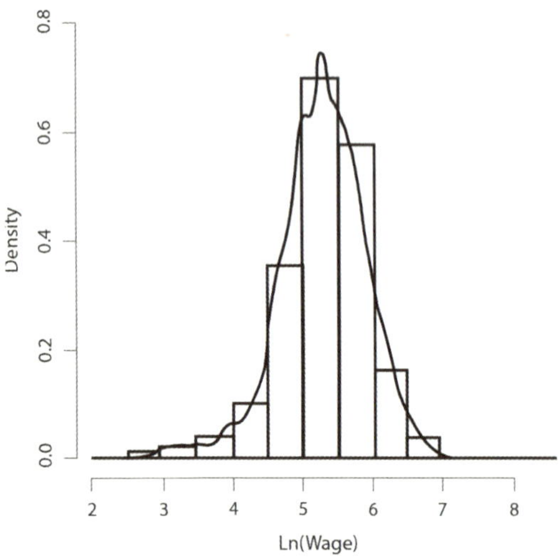

〈그림 13-1〉을 보면 [lnwage]는 정규분포에 가깝지만, 왼쪽으로 약간 편포된(skewed) 형태를 띠는군요. 하지만 로그를 취하지 않은 임금은 오른쪽으로 매우 편포된 형태를 보이게 되

기 때문에 두 분포를 비교해 보면 로그를 취했을 때 훨씬 정규분포에 가까워진다는 것을 쉽게 볼 수 있습니다. 여러분들은 모두 로그를 취하지 않은 임금의 히스토그램을 그려봄으로써 이를 확인해야 합니다. 또한 히스토그램에서 y-축에 확률밀도(density)를 그리게 되는데, 이게 무엇인지 알고 있어야 합니다.

이제 우리의 핵심 질문인 노동조합 가입 여부에 따라 임금이 변하는지에 관한 그림을 그려보겠습니다. 위에서 히스토그램을 그렸으니 집단에 따른 히스토그램을 그리면 되겠지요? 다음의 명령어를 사용하여 〈그림 13-2〉를 그릴 수 있습니다.

표 13-9 노동조합 가입 여부에 따른 로그 임금 히스토그램: 〈그림 13-2〉

```
plot(density(lnwage[utype==0]), main="",
     xlab="Ln(Wage)", ylab="Density", ylim=c(0, 0.9),
     lty=1, lwd=2)
lines(density(lnwage[utype==1]), lty=2, lwd=2)
lines(density(lnwage[utype==2]), lty=3, lwd=2)
legend(6.5, 0.8, c("No union", "No member", "Member"), lty=1:3, lwd=2)
```

〈그림 13-2〉를 보면 노동조합이 없을 때 임금 분포가 전체적으로 왼쪽으로 이동해 있는 것을 봅니다. 하지만 노동조합이 있는 곳에서 가입 여부는 큰 차이를 만드는 것 같지 않습니

그림 13-2 집단별 로그 임금의 히스토그램

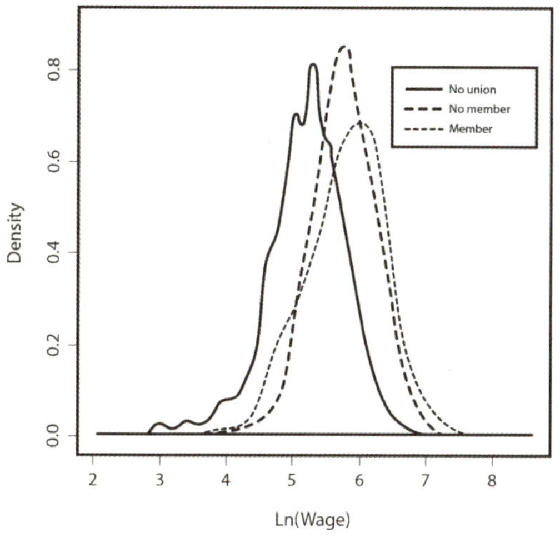

그림 13-3 집단별 상자 그림

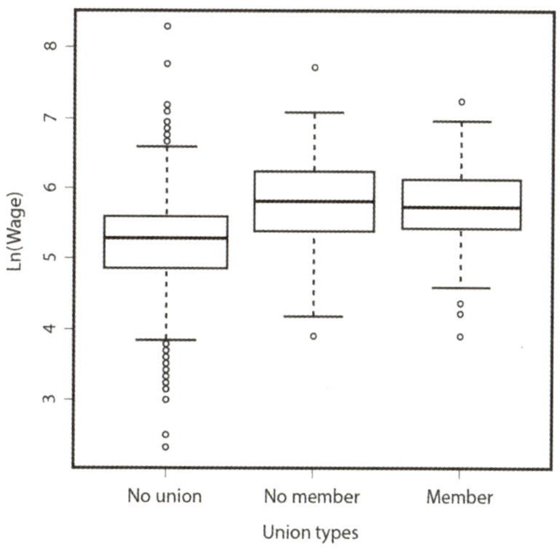

다. 상자 그림을 사용하여 두 변수의 연관을 더 살펴보도록 하겠습니다.

표 13-10 노동조합 가입 여부에 따른 상자 그림: 〈그림 13-3〉

```
boxplot(lnwage ~ utype, xlab="Union types", ylab="Ln(Wage)",
        names=c("No union", "No member", "Member"))
```

상자 그림을 만드는 명령어를 보면 [boxplot] 안에 [lnwage ~ utype]이라는 형식으로 물결표시를 중심으로 왼쪽에 종속 변수 이름이, 오른쪽에 설명 변수 이름이 들어 있는 것을 봅니다. 앞서 언급했듯이 변수 이름을 이렇게 처리하는 것을 [formula]라고 하는데, 앞으로 지속적으로 보게 될 것입니다. 여기에서는 종속 변수를 먼저 적고 물결표시를 한 후 설명 변수를 적는다는 것만 주의 깊게 보시면 됩니다.

〈그림 13-3〉의 상자 그림을 보면 세 집단 사이의 임금 차이에 대한 부분을 더 명확히 볼 수 있습니다. 이를 보면 노동조합은 있으나 가입을 하지 않았을 때, 임금의 중간값(median)이 가장 높은 것을 볼 수 있지만 가입한 노동자와 큰 차이를 보이는 것 같지는 않습니다. 다만 노동조합이 없을 때, 임금이 전체적으로 낮은 것으로 나타나고 있는 것을 봅니다.

그림으로 두 변수 간 관계를 보여주는 것은 매우 직관적이어서 이해하기 쉽지만, 그 그림에서 나타나는 차이가 통계적으로 유의미한가를 판단하기는 어렵습니다. 즉 모집단에서 표집을 한 표본에서 나타나는 차이가 모집단에서 유의미한 차이를 보일 것인가에 대한 결정을 내리기 위해서는 통계적 검정을 해야 합니다. 현재의 맥락에서 노동조합이 있는 회사에 다닐 때와 노동조합이 없는 회사에 다닐 때 임금의 차이를 비교하고자 한다면 집단 간 평균 차이를 살펴보는 t-검정을 하게 됩니다.

표 13-11 노동조합 존재 여부에 따른 로그 임금 차이 검정

```
> t.test(lnwage ~ union)

        Welch Two Sample t-test
```

```
data:  lnwage by union
t = -24.959, df = 1057.1, p-value < 2.2e-16
alternative hypothesis: true difference in means is not equal to 0
95 percent confidence interval:
 -0.6019292 -0.5141833
sample estimates:
mean in group 0 mean in group 1
       5.203330        5.761386
```

위의 결과를 보면 p-값이 0.001보다 작아서 통상의 α-수준 0.05에서 영가설을 기각합니다. 다시 말하면, 모집단에서 두 집단의 평균 차이가 0이 아니라는 결론을 내리게 됩니다.

다음으로 노동조합 가입 여부에 따른 임금 차이가 있는지 검정할 필요가 있겠지요? 여기서 한 가지 문제가 되는 것은 누구와 누구를 비교할 것인가의 문제입니다. 노동조합이 없는 회사에 다니는 사람을 비교 대상에 포함할 것인가에 따라 두 가지 가능성이 있습니다. 1) 노동조합이 없는 회사에 다니는 사람은 버리고, 노동조합이 있는 회사에 다니는 사람 가운데 노동조합에 가입한 사람과 가입하지 않은 사람을 비교하는 방법과 2) 노동조합이 없는 회사에 다니는 사람과 노동조합이 있으나 가입하지 않은 사람을 한 집단으로 하고 노동조합에 가입한 사람을 다른 집단으로 하여 비교하는 것입니다. 이 두 가지 비교는 모두 맥락에 따라 유의미한 것이고, 노동조합 가입 효과를 어떤 시각으로 볼 것인가에 따라 구분할 수 있습니다. 다시 말해 첫 번째는 노동조합 "가입" 효과를 보는 것이고 두 번째는 "노동조합" 가입 효과를 보는 것입니다. 첫 번째와 두 번째의 효과를 살펴보는 명령문을 실행한 결과를 편집하여 아래에 제시하였습니다.

표 13-12 노동조합 가입 여부에 따른 로그 임금 차이 검정

```
> t.test(lnwage ~ parti, subset=union==1)  # Q1

       Welch Two Sample t-test

data:  lnwage by parti
t = 0.54242, df = 512.96, p-value = 0.5878
alternative hypothesis: true difference in means is not equal to 0
```

```
95 percent confidence interval:
 -0.06032238  0.10633660
sample estimates:
mean in group 0 mean in group 1
       5.775244        5.752237

> t.test(lnwage ~ parti)                          # Q2

        Welch Two Sample t-test

data:  lnwage by parti
t = -19.676, df = 564.84, p-value < 2.2e-16
alternative hypothesis: true difference in means is not equal to 0
95 percent confidence interval:
 -0.5594547 -0.4578945
sample estimates:
mean in group 0 mean in group 1
       5.243562        5.752237
```

노동조합 "가입" 효과에 대한 첫 번째 검정은 유의미하지 않은 것으로 나타나, 노동조합이 있는 곳에서는 가입하거나 가입하지 않거나 차이가 없는 것으로 보입니다. 이에 반해 "노동조합" 가입 효과에 대한 두 번째 검정은 유의미한 것으로 나타나고 있습니다. 이러한 결과는 노동조합 가입 효과는 노동조합이 있다는 것으로부터 생기는 것이지 노동조합에 가입함으로써 생기지는 않는 것이라는 추측을 뒷받침합니다.

그렇다면 앞에서 본 것과 같이 세 집단 즉 노동조합이 없는 회사에서 근무하는 사람, 노동조합이 있으나 가입하지 않은 사람, 노동조합에 가입한 사람의 세 집단 간 평균을 비교할 필요가 있습니다. 이때 사용하는 방법이 무엇이죠? 네, 집단 간 평균 비교에 대한 일반적 방법인 분산분석(analysis of variance)이죠. R에서는 다음과 같이 분산분석을 합니다.

표 13-13 노동조합 가입 여부에 따른 로그 임금 차이 검정: 분산분석

```
> summary(aov(lnwage ~ factor(utype)))
                Df Sum Sq Mean Sq F value Pr(>F)
factor(utype)    2  180.4   90.18   261.3 <2e-16 ***
Residuals     4307 1486.7    0.35
---
Signif. codes:  0 '***' 0.001 '**' 0.01 '*' 0.05 '.' 0.1 ' ' 1
```

이 결과를 보면 p-값이 0.001보다 작아서, 영가설을 기각하게 됩니다. 분산분석에 있어서 영가설은 무엇인가요? 그렇습니다. $\mu_0 = \mu_1 = \mu_2$입니다. 이 영가설을 기각하기 때문에, 적어도 두 집단 간 평균 차이가 존재한다는 결론을 내리게 됩니다. 그렇다면 어떤 집단 간 차이가 유의미한 것일까요? 물론 앞에서 세 번의 t-검정을 하면서 어떤 집단에 차이가 있다는 것은 다들 알고 있을 겁니다. 하지만 이런 분석을 하지 않았다면, 일반적인 분산분석 후 어떤 집단에서 차이가 있는지 그리고 얼마나 큰 차이가 있는지 알 수 있을까요? 이러한 의문에 대한 하나의 답이 Tukey의 Range Test 혹은 Honest Significance Difference(HSD)라고 불리는 방법입니다. 개별적인 두 집단 간 평균 비교를 하는 것에 비교해서 Tukey 방법을 사용하는 것은 좀 더 보수적인 결과 즉 큰 p-값을 얻게 되는데, 이는 세 집단 이상의 평균 비교를 한 번에 하므로, 두 집단 간 비교가 독립적이라는 가정을 하지 않기 때문입니다. 다음의 명령어는 이 결과를 보여줍니다.

표 13-14 분산분석 사후검정: Tukey HSD

```
> TukeyHSD(aov(lnwage ~ factor(utype)))
  Tukey multiple comparisons of means
    95% family-wise confidence level

Fit: aov(formula = lnwage ~ factor(utype))

$`factor(utype)`
           diff        lwr        upr    p adj
1-0  0.57191393  0.4856087 0.65821921 0.000000
2-0  0.54890682  0.4775213 0.62029239 0.000000
2-1 -0.02300711 -0.1302290 0.08421478 0.869834
```

이 결과와 앞의 결과를 비교해 보면 즉 마지막 줄에 있는 [2-1]과 〈표 13-12〉의 Q1에 대한 검정 결과를 비교해 보면 p-값이 커진 것을 볼 수 있습니다. 차이에 대한 신뢰구간이 커진다는 것에서도 Tukey 검정이 더 보수적이라는 것을 확인할 수 있습니다. 그럼에도 Tukey 검정을 하건 두 집단 간 t-검정을 하건, 이 경우 동일한 결론을 내리게 됩니다. 여러분들은 [t.test] 명령어를 사용하여, 다른 집단 간 차이를 검정해 본 후 〈표 13-14〉의 결과와 비교하여 어떤 결과가 나오는지 살펴보아야 합니다.

열네 번째 주 week 14

노동패널 분석 3

- 다양한 혼동 변수를 통제하기 위하여 회귀 분석을 실시한다.
- 양적 결과 변수인 경우 사용하는 최소제곱법 모형과 범주형 변수인 경우 사용하는 로짓(logit) 모형을 소개한다.
- 여러 변수들을 통제할지 여부를 통계적으로 판단하는 방법을 기술한다.

1. 최소제곱모형

이제 회귀분석(regression analysis)의 틀 안에서 세 집단 간 차이를 검정해 보도록 하겠습니다.

표 14-1 일반 최소제곱 모형

```
> fit1 <- lm(lnwage ~ factor(utype))
> summary(fit1)

Call:
lm(formula = lnwage ~ factor(utype))

Residuals:
    Min      1Q  Median      3Q     Max
-2.8998 -0.3357  0.0490  0.3574  3.0907

Coefficients:
                Estimate Std. Error t value Pr(>|t|)
(Intercept)     5.203330   0.009764  532.94   <2e-16 ***
factor(utype)1  0.571914   0.036812   15.54   <2e-16 ***
```

```
factor(utype)2 0.548907    0.030448    18.03    <2e-16 ***
---
Signif. codes:  0 '***' 0.001 '**' 0.01 '*' 0.05 '.' 0.1 ' ' 1

Residual standard error: 0.5875 on 4307 degrees of freedom
Multiple R-squared:  0.1082,   Adjusted R-squared:  0.1078
F-statistic: 261.3 on 2 and 4307 DF,  p-value: < 2.2e-16
```

앞에서 추정한 모형은 다음과 같이 나타낼 수 있습니다.

$$\ln wage = \beta_0 + \beta_1 UNP + \beta_2 PA + \epsilon \quad \text{······ 1}$$

〈식 1〉에서 UNP는 노동조합이 있으나 가입하지 않은 노동자를, PA는 노동조합 가입 노동자를 나타냅니다. 원인 변수가 세 범주로 된 변수이기 때문에 기준 범주(baseline category)는 제거하고 다른 두 범주를 지칭하는 가변수(dummy variable)를 만들었습니다. 이때 이런 가변수를 하나하나 만든 것이 아니라 [factor]라는 명령어를 활용하여, [utype] 변수를 [factor]로 지정하면 R이 자동으로 가변수를 만들어 준다는 점을 주의 깊게 보시기 바랍니다. 일반 최소제곱(ordinary least squares)법으로 추정한 〈표 14-1〉의 결과는 β_1과 β_2 계수 모두가 유의미한 것을 보여줍니다. 즉 노동조합에 가입하거나 가입하지 않아도 노동조합이 있는 회사에 다니는 노동자가 노동조합이 없는 회사에 다니는 노동자보다 임금이 높습니다. 또한 마지막에 있는 F-statistic과 p-값이 앞서 세 집단 간 평균 차이를 검정한 분산분석의 결과와 동일한 것을 볼 수 있습니다.

이제 위에서 추정한 최소제곱 모형에서 노동조합이 있는 회사에 다니는 사람 중 노동조합에 가입하지 않은 사람과 가입한 사람의 차이를 검정하고자 합니다. 어떻게 이 가설을 검정할 수 있을까요? 〈식 1〉을 보면 각 집단의 평균은 다음과 같이 나타낼 수 있습니다.

노동조합이 없는 회사: $E(\ln wage) = \beta_0 + \beta_1(UNP=0) + \beta_2(PA=0) = \beta_0$ ······ 2-1

노조 있으나 무가입 : $E(\ln wage) = \beta_0 + \beta_1(UNP=1) + \beta_2(PA=0) = \beta_0 + \beta_1$ ······ 2-2

노동조합 가입 : $E(\ln wage) = \beta_0 + \beta_1(UNP=0) + \beta_2(PA=1) = \beta_0 + \beta_2$ ······ 2-3

〈식 2〉를 생각해 보면 노동조합이 있는 곳에서 노동조합에 가입한 사람과 가입하지 않은 사람의 차이는 〈식 2-3〉－〈식 2-2〉, 즉 $\beta_0+\beta_2-(\beta_0+\beta_1)=\beta_2-\beta_1$ 으로 나타낼 수 있습니다. 따라서 $\beta_2-\beta_1=0$이라는 영가설을 검정하면 됩니다. 이 가설을 검정하기 위해 [multcomp] 패키지를 설치하고 탐색 경로에 부착합니다.

표 14-2 노동조합 가입 효과 비교(contrast) 추정

```
> install.packages("multcomp")
> library(multcomp)
> contr <- matrix(c(0,-1,1), 1)
> summary(glht(fit1, linfct=contr))

        Simultaneous Tests for General Linear Hypotheses

Fit: lm(formula = lnwage ~ factor(utype))

Linear Hypotheses:
       Estimate Std. Error t value Pr(>|t|)
1 == 0 -0.02301    0.04573  -0.503    0.615
(Adjusted p values reported -- single-step method)
```

처음 두 명령어는 [multcomp] 패키지를 인터넷에서 받고 R로 올리는 명령어입니다. 그리고 세 번째 명령어는 비교 행렬(contrast matrix)을 만든 것입니다. 이를 이해하기 위해 〈식 1〉을 보면 모수가 순서대로 세 개 즉 β_0, β_1과 β_2가 있습니다. 비교 행렬은 이 모수들의 계수를 어떻게 설정할 것인가를 보여줍니다. 현재의 맥락에서는 비교 행렬이 [0, -1, 1]이기에, $\beta_0*0+\beta_1*(-1)+\beta_2*(1)=0$ 혹은 $\beta_2-\beta_1=0$을 검정하기 위한 것입니다. 세 번째 명령어에서 1행 3열의 행렬을 만들었다는 것을 주의해서 보시기 바랍니다. 이렇게 비교 행렬을 만든 후 이 행령을 [glht] 명령어의 [linfct] 옵션에 적어주면 됩니다. [glht]는 general linear hypotheses test를 [linfct]는 짐작하시는 것처럼 linear function을 의미합니다. 그리고 [glht]의 첫 번째 옵션으로 앞서 추정한 회귀모형 객체 이름을 적어 준 것을 눈여겨보시기 바랍니다. 물론 위에서 나온 결과는 [utype]이라는 변수를 다시 코딩하여 범주화한 후 얻은 계수와 동일합니다. 즉 노동조합이 있으나 가입하지 않은 노동자는 0의 값을 주고 가입자는 1의 값을

주고, 노동조합이 없으면 2의 값을 주어 이를 factor로 변수화하여 최소제곱법으로 추정한 후 가입자에 있는 계수를 살펴보면 위의 결과와 동일한 결과를 얻습니다. 하지만 굳이 이렇게 재코딩하고 회귀모형을 다시 추정하지 않는다 하더라도 비교 행렬을 활용하여 계수들 간 비교를 쉽게 할 수 있습니다.

물론 이렇게 비교 행렬을 이용하여 모수들의 선형조합(linear combination)을 검정하는 것은 매우 일반적인 방법입니다. 예를 들어 $\beta_1 = 2\times\beta_2$라는 영가설은 $\beta_1 - 2\times\beta_2 = 0$이라는 가설과 같아서 비교 행렬을 [0, 1, -2]로 만들어 주면 됩니다. 이런 방식으로 그 어떤 형태든 모수들 선형 조합에 대한 가설을 검정할 수 있습니다.

〈표 14-2〉의 결과를 보면 p-값이 0.615로 영가설을 기각할 수 없는 수준입니다. 앞의 결과와 비교해보면 이는 두 집단 t-검정보다는 보수적이지만 Tukey의 HSD 검정만큼은 보수적이지 않은 것을 알 수 있습니다.

마지막으로 다른 혼동 변수를 통제하는 회귀모형을 추정해 보도록 하겠습니다.

표 14-3 일반 최소제곱 모형: 혼동 변수 통제

```
> fit2 <- lm(lnwage ~ factor(utype)+
+                     gend+age+I(age^2)+factor(educ)+factor(marri)+factor(rarea)+
+                     wdur+nemp+factor(indus)+factor(jobty)+wtime)
> summary(fit2)

Call:
lm(formula = lnwage ~ factor(utype) + gend + age + I(age^2) +
    factor(educ) + factor(marri) + factor(rarea) + wdur + nemp +
    factor(indus) + factor(jobty) + wtime)

Residuals:
    Min      1Q  Median      3Q     Max
-2.1804 -0.2126  0.0015  0.2286  3.0677

Coefficients:
                  Estimate Std. Error t value Pr(>|t|)
(Intercept)      3.376e+00  1.031e-01  32.736  < 2e-16 ***
factor(utype)1   1.053e-01  2.670e-02   3.942 8.20e-05 ***
factor(utype)2   3.600e-02  2.355e-02   1.529 0.126404
gend            -3.239e-01  1.366e-02 -23.704  < 2e-16 ***
age              5.990e-02  3.755e-03  15.950  < 2e-16 ***
```

```
I(age^2)        -6.946e-04  3.891e-05 -17.853  < 2e-16 ***
factor(educ)1    1.230e-01  2.132e-02   5.768 8.61e-09 ***
factor(educ)2    2.670e-01  2.611e-02  10.227  < 2e-16 ***
factor(educ)3    3.712e-01  2.475e-02  14.995  < 2e-16 ***
factor(marri)1   6.810e-02  1.920e-02   3.547 0.000395 ***
factor(marri)2   2.039e-02  2.845e-02   0.717 0.473552
factor(rarea)1  -7.678e-03  1.742e-02  -0.441 0.659449
factor(rarea)2  -4.602e-02  1.770e-02  -2.600 0.009346 **
factor(rarea)3  -8.512e-02  2.376e-02  -3.583 0.000343 ***
factor(rarea)4  -6.871e-02  2.613e-02  -2.630 0.008579 **
factor(rarea)5  -6.606e-02  4.330e-02  -1.526 0.127197
factor(rarea)6  -1.898e-01  7.006e-02  -2.709 0.006773 **
wdur             1.805e-02  1.002e-03  18.012  < 2e-16 ***
nemp             5.561e-02  4.280e-03  12.993  < 2e-16 ***
factor(indus)1   6.924e-02  5.960e-02   1.162 0.245407
factor(indus)2  -2.131e-02  6.051e-02  -0.352 0.724789
factor(indus)3  -7.114e-03  6.354e-02  -0.112 0.910854
factor(indus)4   2.303e-01  6.718e-02   3.428 0.000613 ***
factor(indus)5   1.524e-02  5.977e-02   0.255 0.798705
factor(jobty)1  -2.636e-01  1.771e-02 -14.888  < 2e-16 ***
factor(jobty)2  -2.197e-01  2.439e-02  -9.008  < 2e-16 ***
wtime            9.095e-03  4.882e-04  18.630  < 2e-16 ***
---
Signif. codes:  0 '***' 0.001 '**' 0.01 '*' 0.05 '.' 0.1 ' ' 1

Residual standard error: 0.3863 on 4283 degrees of freedom
Multiple R-squared:  0.6165,	Adjusted R-squared:  0.6142
F-statistic: 264.9 on 26 and 4283 DF,  p-value: < 2.2e-16
```

위 결과의 일부분을 식으로 표현하면 다음과 같습니다.

$$\ln wage = 3.376 + 0.105\,UNP + 0.036\,PA + X^T\gamma + \epsilon \quad \cdots\cdots \quad 3$$

위 식에서 UNP 앞에 붙은 0.105는 노동조합이 없는 회사에 근무하는 노동자에 비해 노동조합이 있으나 가입하지 않은 노동자의 임금은 10.5% 정도 높다고 해석하게 됩니다. 이는 〈식 3〉의 양변에 exponential을 취하고 두 집단의 임금에 관한 비를 구하면,

$$\frac{wage|UNP=1}{wage|UNP=0} = \frac{\exp(3.376+0.105(UNP=1)+0.036PA+X^T\gamma+\epsilon)}{\exp(3.376+0.105(UNP=0)+0.036PA+X^T\gamma+\epsilon)} \quad\cdots\cdots\cdots\cdots \quad 4$$

$$= \exp(0.105)$$

$$= 1+(0.105)+\frac{0.105^2}{2!}+\frac{0.105^3}{3!}+\cdots$$

$$\approx 1+(0.105)$$

$$= 1.105$$

위 식에서 세 번째 등호 표시는 지수를 Taylor series로 선형화한 것입니다. 이 결과를 보면, 노동조합이 없을 때보다 노동조합이 있으나 가입하지 않은 노동자의 임금이 1.105배가 됩니다. 이는 곧 임금이 10.5% 높다고 해석할 수 있습니다. 이 계수는 통계적으로 유의미한 것을 봅니다. 하지만 노동조합에 가입하는 효과를 나타내는 계수는 0.036이고 p-값이 0.126으로 통계적으로 유의미하지 하는 것으로 나타나고 있습니다.

〈표 14-3〉에서 제시한 결과에 기반하여 노동조합이 있는 회사에 다니는 사람 중 노동조합 비가입자와 가입자의 차이를 구하는 영가설을 비교 행렬을 이용하여 구할 수 있으신가요? 네, 다음과 같은 명령어를 실행하면 됩니다.

표 14-4 노동조합 가입 효과 비교(contrast) 추정: 혼동 변수 통제

```
> contr <- matrix(c(0,1,-1,rep(0,length(fit2$coefficients)-3)), 1)
> summary(glht(fit2, linfct=contr))

         Simultaneous Tests for General Linear Hypotheses

Fit: lm(formula = lnwage ~ factor(utype) + gend + age + I(age^2) +
    factor(educ) + factor(marri) + factor(rarea) + wdur + nemp +
    factor(indus) + factor(jobty) + wtime)

Linear Hypotheses:
       Estimate Std. Error t value Pr(>|t|)
1 == 0  0.06926    0.03054   2.268   0.0234 *
---
Signif. codes:  0 '***' 0.001 '**' 0.01 '*' 0.05 '.' 0.1 ' ' 1
(Adjusted p values reported -- single-step method)
```

그 결과를 보면 두 집단 간 통계적으로 유의미한 차이가 존재하네요.

혼동 변수를 통제한 모형과 혼동 변수를 통제하지 않은 모형 중 어떤 모형이 좋은 모형인지 검정하는 방법을 기억하시나요? 네, 그렇죠, [anova] 명령어를 활용하여 F-검정을 하면 됩니다.

표 14-5 혼동 변수 통제하지 않은 모형과 통제 모형 비교

```
> anova(fit1, fit2)
Analysis of Variance Table

Model 1: lnwage ~ factor(utype)
Model 2: lnwage ~ factor(utype) + gend + age + I(age^2) + factor(educ) +
    factor(marri) + factor(rarea) + wdur + nemp + factor(indus) +
    factor(jobty) + wtime
  Res.Df     RSS Df Sum of Sq      F    Pr(>F)
1   4307 1486.67
2   4283  639.25 24    847.42 236.57 < 2.2e-16 ***
---
Signif. codes:  0 '***' 0.001 '**' 0.01 '*' 0.05 '.' 0.1 ' ' 1
```

위 결과를 보면 완전 모형 즉 혼동 변수를 통제한 모형이 24개 더 많은 변수를 가지고 있지만, F-검정 값이 236.57로 통계적으로 유의미합니다. 즉 여분의 변수 계수가 모두 0이라는 영가설을 기각하고, 완전 모형이 더 좋다는 결론을 내리게 됩니다.

2. 로짓 모형(logit model)

로짓 모형에 대한 이해를 높이기 위해 월 400만 원 이상의 월급을 받는 사람과 그렇지 않은 사람으로 나누어 봅시다.

표 14-6 월 400만 원 이상 임금노동자 변수 생성

```
> hwage <- ifelse(wage>=400, 1, 0)
> summary(hwage)
   Min. 1st Qu.  Median    Mean 3rd Qu.    Max.
 0.0000  0.0000  0.0000  0.1299  0.0000  1.0000
```

위 결과를 보면 약 13%가 높은 월급 즉 월 400만 원 이상을 받고 있습니다. [utype]을 설명 변수로 놓고 [hwage]를 종속 변수로 놓은 후 로짓 모형을 추정한 결과는 다음과 같습니다.

표 14-7 로짓 모형

```
> fit.glm1 <- glm(hwage ~ factor(utype), family=binomial(link="logit"))
> summary(fit.glm1)
Call:
glm(formula = hwage ~ factor(utype), family = binomial(link = "logit"))

Deviance Residuals:
    Min        1Q    Median       3Q       Max
-1.0312  -0.4252  -0.4252  -0.4252   2.2128

Coefficients:
               Estimate Std. Error z value Pr(>|z|)
(Intercept)    -2.35790    0.05914  -39.87   <2e-16 ***
factor(utype)1  2.00388    0.13623   14.71   <2e-16 ***
factor(utype)2  1.61738    0.12049   13.42   <2e-16 ***
---
Signif. codes:  0 '***' 0.001 '**' 0.01 '*' 0.05 '.' 0.1 ' ' 1

(Dispersion parameter for binomial family taken to be 1)

    Null deviance: 3329.5  on 4309  degrees of freedom
Residual deviance: 3024.3  on 4307  degrees of freedom
AIC: 3030.3

Number of Fisher Scoring iterations: 5
```

위 결과를 식으로 나타내면 다음과 같습니다.

$$\ln\frac{\Pr(hwage=1)}{1-\Pr(hwage=1)}=-2.358+2.004UNP+1.617PA \qquad 5$$

이 결과는 UNP의 계수가 양수이기 때문에, 노동조합이 없는 회사에 다니는 사람에 비해 노동조합이 있으나 가입하지 않은 사람이 고임금자가 될 확률이 높다고 해석할 수 있습니다. 또한 로그 odds가 2.004만큼 크다 혹은 odds가 $\exp(2.004) \approx 7.419$배다 혹은 odds ratio

가 7.419다 라고 해석할 수 있습니다. 노동조합이 없는 회사에 다니는 노동자에 비해 노동조합에 가입한 사람의 계수 1.617도 유사한 방법으로 해석할 수 있습니다. 두 설명 변수 앞에 붙은 계수는 통계적으로 유의미하기 때문에 모집단에서 계수가 0이라는 영가설을 기각하게 됩니다.

마지막으로 다른 모든 혼동 변수를 통제했을 때 결과를 알아보도록 하겠습니다.

표 14-8 로짓 모형: 혼동 변수 통제

```
> fit.glm2 <- glm(hwage ~ factor(utype)+
+                      gend+age+I(age^2)+factor(educ)+
+                      factor(marri)+factor(rarea)+
+                      wdur+nemp+factor(indus)+factor(jobty)+wtime,
+                 family=binomial(link="logit"))
> summary(fit.glm2)

Call:
glm(formula = hwage ~ factor(utype) + gend + age + I(age^2) +
    factor(educ) + factor(marri) + factor(rarea) + wdur + nemp +
    factor(indus) + factor(jobty) + wtime, family = binomial(link = "logit"))

Deviance Residuals:
    Min       1Q   Median       3Q      Max
-2.4997  -0.3571  -0.1508  -0.0414   4.1244

Coefficients:
                  Estimate Std. Error z value Pr(>|z|)
(Intercept)     -1.790e+01  1.713e+00 -10.452  < 2e-16 ***
factor(utype)1   4.921e-01  2.000e-01   2.461 0.013868 *
factor(utype)2  -6.067e-02  1.812e-01  -0.335 0.737817
gend            -1.661e+00  1.863e-01  -8.915  < 2e-16 ***
age              5.255e-01  6.748e-02   7.787 6.84e-15 ***
I(age^2)        -5.243e-03  7.242e-04  -7.240 4.50e-13 ***
factor(educ)1    2.090e+00  5.397e-01   3.872 0.000108 ***
factor(educ)2    2.527e+00  5.543e-01   4.559 5.15e-06 ***
factor(educ)3    3.490e+00  5.440e-01   6.416 1.40e-10 ***
factor(marri)1   7.045e-01  2.304e-01   3.057 0.002233 **
factor(marri)2  -2.960e-01  4.846e-01  -0.611 0.541333
factor(rarea)1  -3.110e-01  1.696e-01  -1.833 0.066736 .
factor(rarea)2  -3.636e-01  1.775e-01  -2.049 0.040492 *
factor(rarea)3  -4.612e-01  2.396e-01  -1.925 0.054248 .
```

```
factor(rarea)4 -4.018e-01  2.658e-01  -1.512 0.130638
factor(rarea)5 -7.191e-01  4.770e-01  -1.508 0.131680
factor(rarea)6 -1.417e+01  3.381e+02  -0.042 0.966567
wdur            7.496e-02  8.798e-03   8.520  < 2e-16 ***
nemp            4.127e-01  4.172e-02   9.890  < 2e-16 ***
factor(indus)1 -4.487e-01  7.192e-01  -0.624 0.532750
factor(indus)2 -6.334e-01  7.387e-01  -0.857 0.391201
factor(indus)3 -1.006e+00  7.457e-01  -1.349 0.177495
factor(indus)4  6.336e-01  7.537e-01   0.841 0.400594
factor(indus)5 -6.279e-01  7.223e-01  -0.869 0.384678
factor(jobty)1 -1.315e+00  3.857e-01  -3.410 0.000650 ***
factor(jobty)2 -1.019e+00  4.829e-01  -2.111 0.034796 *
wtime          -4.463e-03  5.771e-03  -0.773 0.439321
---
Signif. codes:  0 '***' 0.001 '**' 0.01 '*' 0.05 '.' 0.1 ' ' 1

(Dispersion parameter for binomial family taken to be 1)

    Null deviance: 3329.5  on 4309  degrees of freedom
Residual deviance: 1875.7  on 4283  degrees of freedom
AIC: 1929.7

Number of Fisher Scoring iterations: 15
```

위의 결과를 보면 UNP 계수 앞에 붙은 계수는 양수이며 통계적으로 유의미하여, 다른 변수를 통제하여도 노동조합이 없는 회사에 다니는 사람보다 노동조합이 있으면서 가입하지 않은 사람이 고임금자가 될 확률이 높은 것으로 나타납니다. 하지만 노동조합 가입자는 노동조합이 없는 회사에 다니는 사람과 별 차이가 없는 것으로 나타납니다. 이런 결과가 믿을만한 것인지, 그렇다면 왜 이런 결과가 나타날지 한 번 생각해 보세요.

이제 노동조합이 있으나 가입하지 않은 사람과 노동조합에 가입한 사람의 차이를 비교해 봅시다.

표 14-9 노동조합 가입 효과 비교(contrast) 추정: 혼동 변수 통제

```
> summary(glht(fit.glm2, linfct=contr))

        Simultaneous Tests for General Linear Hypotheses
```

```
Fit: glm(formula = hwage ~ factor(utype) + gend + age + I(age^2) +
     factor(educ) + factor(marri) + factor(rarea) + wdur + nemp +
     factor(indus) + factor(jobty) + wtime, family = binomial(link = "logit"))

Linear Hypotheses:
         Estimate Std. Error z value Pr(>|z|)
1 == 0    0.5528     0.2218   2.492   0.0127 *
---
Signif. codes:  0 '***' 0.001 '**' 0.01 '*' 0.05 '.' 0.1 ' ' 1
(Adjusted p values reported -- single-step method)
```

두 집단 간 차이가 유의미하여, 노동조합에 가입한 사람보다 노동조합이 있는 회사에 다니지만 노동조합에 가입하지 않은 사람이 고임금자가 될 확률이 더 높게 나오네요.

마지막으로 우도비 검정(likelihood ratio test)을 통해 혼동 변수를 통제하지 않은 모형과 혼동 변수를 통제한 모형 중 어떤 모형이 더 좋은 것인지 검정해 보도록 하겠습니다. 우도비 검정에 대해 간략히 언급하기 위해 다음과 같은 두 개의 모형이 있다고 합시다.

축소 모형(reduced model) : $\ln\frac{\Pr(hwage=1)}{1-\Pr(hwage=2)}=\beta'_0+\beta'_1 UNP+\beta'_2 PA$

완전 모형(full model) : $\ln\frac{\Pr(hwage=1)}{1-\Pr(hwage=2)}=\beta_0+\beta_1 UNP+\beta_2 PA+X\gamma$

완전 모형에는 축소 모형의 설명 변수에 더해 k개만큼의 여분 변수 X가 있고 축소 모형과 완전 모형의 우도(likelihood)가 각각 L_R과 L_F라고 한다면, X의 모든 계수가 0이라는 영가설 아래 즉 $\gamma_1=\gamma_2=\dots=\gamma_k=0$이라는 영가설 아래 $-2\ln(\frac{L_R}{L_F})$이 자유도 k인 χ^2분포를 따른다는 정리에 의한 것입니다.

이러한 우도비 검정을 하기 위해서 [lmtest]라는 패키지를 깔고, 그 안에 있는 [lrtest] 명령어를 이용해 봅시다.

표 14-10 혼동 변수 통제하지 않은 모형과 통제 모형 비교

```
> install.packages("lmtest")
> library(lmtest)
> lrtest(fit.glm1, fit.glm2)
Likelihood ratio test

Model 1: hwage ~ factor(utype)
Model 2: hwage ~ factor(utype) + gend + age + I(age^2) + factor(educ) +
    factor(marri) + factor(rarea) + wdur + nemp + factor(indus) +
    factor(jobty) + wtime
  #Df   LogLik Df  Chisq Pr(>Chisq)
1   3 -1512.13
2  27  -937.84 24 1148.6  < 2.2e-16 ***
---
Signif. codes:  0 '***' 0.001 '**' 0.01 '*' 0.05 '.' 0.1 ' ' 1
```

위 결과를 보면 혼동 변수가 없는 모형에 비해 혼동 변수가 있는 모형이 24개나 많은 변수가 더 들어 있지만 $-2ll\,(\frac{L_R}{L_F}) \approx 1148.6$으로 통계적으로 유의미합니다. 즉 영가설을 기각하는 것이죠. 결론적으로 혼동 변수를 통제하는 것이 올바른 모형입니다.

Index

기초 개념 Index